斗栱飞檐
画 古 建

图解古建形制与写生

连达 / 著

机械工业出版社
CHINA MACHINE PRESS

本书凝聚了作者多年来积累的古建筑知识和写生经验。内容包括常见古建筑的种类、常见古建筑屋顶样式、古建筑的主要构件及其时代特征、古建筑写生的工具和初步练习、古建筑绘画的透视与构图、古建筑画法步骤解析、用画笔记录濒危古建筑以及古建筑写生作品欣赏，将中国古建筑知识进行了普及和宣传。

本书在讲解描绘古建筑方法的同时，也阐释了大量不同时代古建筑装饰细节的特点。本书适用于写生爱好者、古建筑爱好者以及喜爱中国传统文化的相关人士。

图书在版编目（CIP）数据

斗栱飞檐画古建：图解古建形制与写生 / 连达著. —北京：机械工业出版社，2018.5（2024.6 重印）
ISBN 978-7-111-59402-4

Ⅰ.①斗… Ⅱ.①连… Ⅲ.①古建筑—建筑画—绘画技法 Ⅳ.①TU204.11

中国版本图书馆 CIP 数据核字（2018）第 048551 号

机械工业出版社（北京市百万庄大街 22 号 邮政编码 100037）
策划编辑：赵 荣 责任编辑：赵 荣 邓 川
责任校对：孙丽萍 封面设计：鞠 杨
责任印制：孙 炜
北京联兴盛业印刷股份有限公司印刷
2024 年 6 月第 1 版第 6 次印刷
184mm × 260mm · 13 印张 · 248 千字
标准书号：ISBN 978-7-111-59402-4
定价：69.00 元

电话服务 网络服务
客服电话：010-88361066 机 工 官 网：www.cmpbook.com
010-88379833 机 工 官 博：weibo.com/cmp1952
010-68326294 金 书 网：www.golden-book.com
封底无防伪标均为盗版 机工教育服务网：www.cmpedu.com

序

　　古建筑是先辈留给我们最宝贵的遗产，是中华优秀传统文化的重要载体，是无可替代的人文丰碑，具有特定的情感。每一座古建筑都是一部承载厚重历史的典籍，蕴藏着丰富的历史信息和文化景观，记录着先人的智慧创造与文化记忆，传承着独具地域特色和民族风格的传统文化。这些经历数百年风雨的古建筑，不论是皇家的宫苑、平民的居所，还是散见于各地各类型的建筑，其特点和审美特征在世界古建筑史中都是独一无二的。古建筑的美在于它的形态、结构和细节，一个细节的不真实都可能破坏古建筑独特的美感。因此，欣赏、研究、表现古建筑必须要到现实场景中去仔细地观察、细细地品读，才能真正感受它的魅力所在。

　　连达就是这么一位因古建之美而被触动心灵的艺术工作者，因喜欢而长期行画于各座古建筑之间。他深知一个表达、研究古建筑的人只有不断地在现场观察、写生中才能感受到它的灵性、挖掘和再现它的美感。行画中的观察和表达最容易留下刻骨铭心的记忆，能给他带来对古建筑更深刻的认识和理解。写生时他始终睁大一双求发现的眼睛，用画笔记录建筑的每一个细节。写生让他有更多的时间去体验古建筑的神韵和风采、感受岁月的流逝和变迁、体会历史的沧桑和无奈、思考古建筑的今天和明天。写生也让他更加坚定了要以这样的一种方式记录遗存的古建筑。

　　连达在行画中常以钢笔为工具，采用客观描摹、记录的手法，作品的内容涵盖了传统的民居、亭台楼阁以及寺塔建筑等。长期的行画使他以自己独特的视角、敏锐的观察力、严谨的态度表达他对建筑的理解和感受。他笔下的建筑线条坚定有力、飘逸洒脱，结构严谨、形体准确，画面松弛有度、虚实得当，无论在造型刻画、表现形式还是视觉效果上都已经达到了较高的艺术水准，并形成自己独特的面貌。

　　连达的成绩来自于虚怀若谷的诚恳和勤勤恳恳的吸纳。他深知作品要给人更多的东西、能打动人，就必须在生活的炼狱里不断磨练自己，他是个憨厚、敦实、地道的"苦行僧"，他的每一次出行都是一次修炼的过程，带来的也都是一次次作品的提升。长期的行走写生为连达积累了丰富的生活经验和人生感悟，也使他对传统建筑及其描绘方法有自己的见解和感受。本书正是他在行画古建筑中所看、所绘、所思、所想的呈现，这也是本书最大的一个亮点。

夏克梁

（中国美术学院副教授，中国美术家协会会员，《中国手绘》主编，

"温莎·牛顿"国际品牌形象大使）

前言

　　中国古建筑是世界建筑史上独树一帜的伟大创造，是建筑更是艺术，曾经辐射影响了整个东亚地区，是独步于世界的汉文化圈的重要表现形式和组成部分。随着近代中国的衰落和西风东渐的影响，中国古建筑也遭遇了严重冲击，一度被认为是落后、腐朽和丑陋的代表，被弃之如敝履，逐渐为近现代建筑材料和形式所取代，走向了衰亡。时至今日，仍然有无数的古老城镇乡村和大量数百年的古街老宅在推土机的轰鸣声中化为瓦砾，古中国的身影离我们日渐远去，形象愈发模糊，取而代之的是僵直恶俗的贴了瓷砖的红砖大瓦房，是耀眼的玻璃幕墙和高楼大厦，在钢筋与水泥的丛林里，中式建筑却已是凤毛麟角，难觅踪迹。

　　今天当我们重新回头客观审视、仔细品味这种延续了几千年不断传承和发展的构造形式时，会发现这些古建筑是传统思想与艺术的完美结合，是中国文化的精华，是正在凋零逝去的华夏文明的余韵遗珍。古建筑的消亡也是历史的终结和文化的没落，我们这一代人不应该漠视和放任古建筑文化在我们的时代彻底湮没，有责任与义务来记录和挽救中国古建筑，为接续历史和传承文明尽自己的一份心力，无愧于祖先，对后世也有所交代。笔者就是怀揣着这样的一份热忱之心十数年奔走在北方的广大城镇乡村，寻访散佚和濒危的古建筑，并自学了钢笔速写来进行记录，力图通过自己独特的视角和方式留住古建筑俊逸而沧桑的身影。

　　以绘画写生的方式记录古建筑是我当初的一种突发奇想，但也并非为了标新立异，而是觉得无以表达释放对古建筑一见钟情的热爱，最终选择了这种近乎于痴情陪伴般的方式坐在古建筑身旁信笔而绘。但这一过程漫长而艰辛，从一无所知的信笔涂鸦到逐渐明确方向，努力搜寻学习相关知识，再到强迫自己不能半途而废，不断地咬牙坚持，直至作品开始初具形态，能够得到朋友们的接受和赞许，其中的辛酸苦辣真是一言难尽。因为绘画一直是笔者的一项业余爱好，日常谋生之余，并无力抽出大量的时间专门进行钻研深入，所以断断续续多年下来，似乎总充斥一种天马行空的随意之风。但描绘结构严谨的古建筑确是务求认真，而我也给自己选择了一条旁人称之为累死人的绘画之路，以努力地把古建筑复杂精妙的结构关系清晰准确地刻画出来为方向，因此只能不断给自己施加更多的压力，极力潜心钻研。当我已经不再纠结于任何古建筑结构如何复杂的时候，画笔也就成了我身体和意志的外在延伸，古建筑写生从单纯的绘画逐渐转变为我的一种独特的记录方式，记录结构、记录沧桑、记录时代、记录历史。我知道自己已经有了不同于从前的使命，于是我在很长时间里深入乡村，仔细地寻访已经被大众淡忘的濒危古建筑，以我特有的形式和风格为它们绘画记录，让许多几近坍塌的古建筑以另一种形式在历史上留下记忆、留驻身影。

应机械工业出版社赵荣女士之邀，将多年来积累的古建筑知识和写生经验结集成书，分享给广大读者朋友，我欣然应允之余又颇为感慨。环顾我们所生存的城市楼宇之间，已经很少能见到中国文化的痕迹。试问现在的年轻人，对自己祖国独特的文化内涵又有多少了解，曾经的诗书礼乐和斗栱飞檐已经距离他们太过遥远，仿佛是一个完全未知的时空。甚至笔者自己的孩子从各种媒介中所能接触到的文艺作品也都充斥着所谓现代和西方的元素，作为一个中国人，对本该了解的中式审美与情怀却形同陌路，真是每思及此，叹息不已，也更感烦忧。

　　现在所能见到的建筑类钢笔速写工具书多是侧重讲解构图和技法，教大家努力成为一个优秀的建筑设计师。实例多以欧式建筑和现代建筑为主，偶有涉及中国古建筑的，都是一带而过，并未深入描绘和探究其中独特的构造与审美情趣，因此笔者在本书里讲述如何绘画古建筑的同时，也讲解了大量不同时代的古建筑细节和装饰知识，希望借此将大众已经陌生的中国传统建筑知识进行一次普及宣传，让更多读者感受到祖国传统建筑文化的独到与美好，能够跟笔者一起用珍爱的目光来审视自己的民族文化遗产，用真心来品读她的博大与精妙，感受其中的沧桑与厚重，最终和笔者一起拿起画笔来寻访和记录这些日渐濒危凋零的古建筑，把这份美好留诸笔端，呈现给世人，流传给未来吧。

连　达

目录

概述

  中国古建筑究竟应该怎样来定义呢？一种说法是从鸦片战争起，中国进入了近代时期，这之前的建筑都算是古建筑，一种说法是截止到1949年之前。但我个人认为不应该简单地以时间来一刀切，在清代晚期以前的中国式建筑都是一脉相承的，是我所喜爱的形式，民国以后中西合璧式的建筑我也不排斥，都是不同时代的历史见证。但近代以来受到西方文明的影响和冲击，中国的建筑逐步吸纳了诸多外来元素和材料，构造方式也产生了翻天覆地的变化，最终传统的中式建筑逐渐被抛弃，在清末以后走向了衰亡，所以在本书中把关注点放在清末前以中国传统方法和形式营造的各类建筑上。

  我从小生活在黑龙江省内陆县城，18岁之前从没有见过中国古建筑，直到有一次去沈阳看见了清初的故宫，不知何时埋藏在心底的情愫瞬间被激活，从此一发不可收拾地爱上了古建筑。初次见到红墙金瓦和斗栱飞檐，真好像刘姥姥进了大观园，美猴王找到水帘洞，几乎是手舞足蹈喜不自胜，久久不舍离去，但这种情感却无法表达出来。后来我选择了绘画的方式，既可以长时间端详欣赏，又能够悉心描绘与感悟。最初写生时是需要勇气的，要敢于面对别人的围观甚至是嘲笑，努力稳住心神，冷静观察，哪怕作品再烂也要不气馁地坚持把每一幅画完成。

  回想起最早的那些写生作品，真是惨不忍睹，是内心的真爱帮自己熬过了开始的几年，并终于坚持了下来，这一坚持就是十几年。现在如果说我进行古建筑写生是在从事绘画事业，倒不如说我是在用绘画这种方式表达自己对古建筑和中国传统文化无比的深爱之情。当时自己从几乎无基础的爱好者开始边画边学，先是逐渐掌握了透视的原理，同时迫切想找一些古建筑绘画技法的书籍来参考，但收获甚微，所以十几年来我一直在摸着石头过河，在写生中探索，在实践中学习。通过大量的实地走访和写生，使自己对古建筑知识的了解不断丰富提高，对怎样在绘画中表现古建筑也积累了大量的经验，能够将这些心得体会分享给广大读者和有共同爱好的朋友们，深感荣幸。

曾经我边寻访边绘画有些漫无目的，北京、河北、山东、山西的古建筑都画过一些。山西是国内现存古建筑数量最多、涵盖年代跨度最大的省份，尤其以木结构建筑为最，上起唐宋，下到明清，国内现有大约70%的古建筑都留存在这里，堪称中国古建筑的博物馆，所以来山西写生最终变成了我的不二选择。本书中所涉及的古建筑知识与写生实例也多来自山西。

我个人体会，古建筑绘画不仅仅是描绘外形，核心是要展现出其内在的神韵。有的古建筑是宏伟雄壮保存完好的，就应该突出它的结构特点和气势；有的古建筑是年久失修沧桑破败的，则要侧重其中岁月积淀的凝重感和意境。中国古建筑与其周边环境相互依托所营造出的古韵之美具有与西洋建筑或者现代建筑迥然不同的文化气质，在绘画中要力求展现出这种独特的魅力，尤其要对不同朝代和时期的建筑特点有所了解，对不同地域的建筑风格也有所体会，才不至于画出千篇一律、千人一面的作品来。就好比大家看到秦始皇兵马俑有数千个将士排成阵列，仔细观察，却是每个人的相貌都各具特色，绝无雷同，画古建筑尤其要注意这一点。古建筑不仅仅是斗栱飞檐这些建筑元素的简单堆砌，其内在的差异和所蕴含的文化更要悉心感悟和发现，从表象深入本质。就好比中国文化一样，从形而追求到神，这样才能把古建筑和其所承载的那个时代的特点与神韵展现出来。

我一向认为古建筑不仅仅是建筑，也是历史的延续，是文化的形态，我们不要把它只作为一个单纯的描绘对象，简单机械地描摹，应该当成有情感的长者来对待，进行心灵上的交流沟通，让这种情感通过画笔流淌到纸上，只有首先打动我们自己，才有可能去感染别人。

如何从纷繁多变的现实环境中将复杂精妙的古建筑归纳提炼成简洁的线条，是我们要面临的实际问题。有时候是在浓密树木的遮挡中，或在杂乱民房的包夹下，空中密布着蜘蛛网般的电线，甚至有垃圾堆和厕所的影响，这是我在乡村进行古建筑写生经常能遇到的状况，但抽丝剥茧般地把这些杂乱的影响因素去掉，在画面上勾勒出干净纯粹的古建筑样貌，将拍照所无法完整或者完美摄入的古建筑在这一时期的形象用我们的画笔记录下来，是件令人愉悦的事情，也是加深我们对本民族传统文化理解与热爱的重要过程和方式。

常见古建筑的种类

在我们现存的古建筑里，根据笔者的理解，因功能和用途的不同大体可分为以下几类：宫殿、园林、寺庙、陵墓、城垒和民居等，进一步区分，还有依附于寺庙或者单独存在的塔和经幢、依附于建筑群或者独立存在的楼阁和牌坊等多种建筑形式。

下面以建筑实例来进行图解。

1.1 宫殿

多指帝制时代遗留下的帝王的皇宫，历史上各王朝都曾经修建过规模宏大的宫殿建筑群。许多皇宫的名字千古传诵，如秦之阿房宫，汉之未央宫，魏之铜雀台，隋之汾阳宫，唐之大明宫、九成宫、兴庆宫等，但随着朝代更迭和战乱兵燹，这些曾经辉煌的建筑群早已是"宫阙万间都做了土"，只能从"五步一楼，十步一阁"的诗句中去驰骋想象。

我国目前尚存的皇家宫殿建筑群仅有北京和沈阳两座故宫了。

北京故宫始建于明朝永乐年间，清代入关后沿用，规模庞大，至今保存完整，被誉为"殿宇之海"。

沈阳故宫为清代初创时期的宫苑，面积较小。另外一些皇家行宫也有所遗存。

北京故宫太和殿、中和殿、保和殿，俗称前三殿，最初是创建于明朝永乐年间的奉天殿、华盖殿和谨身殿，后屡经兴废，现存者为明嘉靖和清康熙时重建

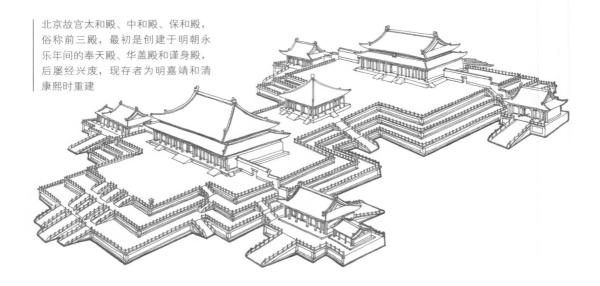

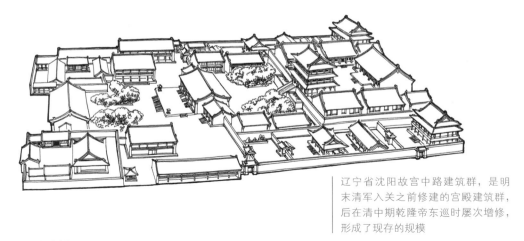

辽宁省沈阳故宫中路建筑群，是明末清军入关之前修建的宫殿建筑群，后在清中期乾隆帝东巡时屡次增修，形成了现存的规模

1.2　园林

　　古时候遗留下的园林建筑根据功能大体可分为皇家园林和私家园林两类。皇家园林里现存多是清代所建，占地广袤，规模宏大，不仅是单纯的皇室行政起居作用的宫殿和花园，又是亭台殿阁与山水和自然风貌的完美结合，营造的是现实中的画境，是中国古代审美情趣和园林文化的集大成者，如北京的北海、颐和园、圆明园和承德的避暑山庄等。

北京颐和园，始建于清乾隆年间，原名清漪园，是三山五园的重要组成部分，后毁于英法联军的劫掠焚烧。现在的颐和园是清代晚期由慈禧太后在清漪园基础上重修而成，并更为今名

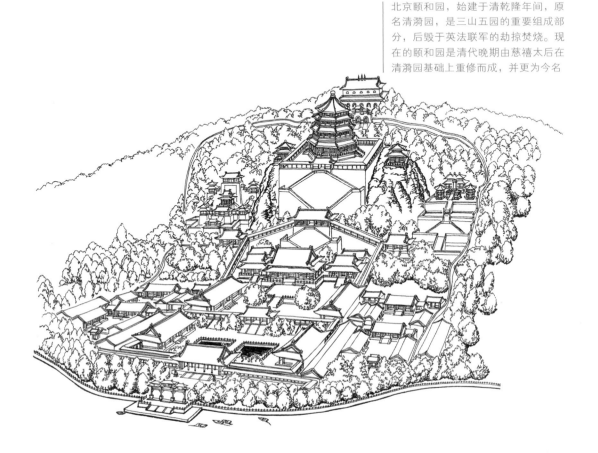

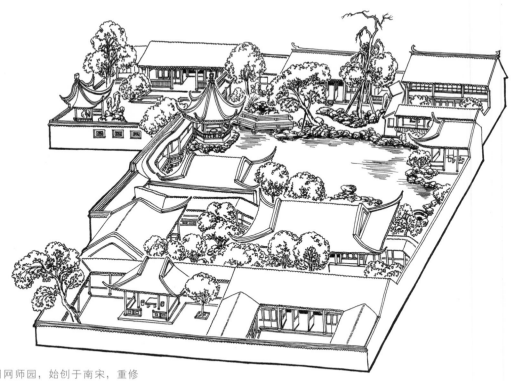

苏州网师园，始创于南宋，重修
于清，曾名"渔隐"，是集住宅
和园林于一体的建筑群，堪称苏
州园林的代表作之一

说到私家园林，现存的名园多保留在江南，最著名者莫过于苏州园林了。

这类以苏式建筑风格与当地文化相融合形成的园林作品实际上分布较广，由于大
多为住宅的延伸部分，面积不大，因而以在有限的空间中巧妙灵活地布局见长，曲折迂
回、小中见大、虚实结合的特点正好与中国传统文人画所追求的含蓄意境相契合，每座
园林都如同一幅精致的画卷。

1.3　寺庙

寺庙是现存所有古建筑中分量最重的一个门类，包含了中国古建筑里绝大多数的建
筑式样和元素，诸多在建筑史上具有里程碑式意义的杰作也多出自寺庙建筑。许多大庙
巨刹的宏伟华丽程度并不逊色于皇家宫殿，其中涵盖了上启唐宋、下至明清的漫长历史
时期。有儒释道以及许多地方性的和已经消亡了的民间信仰崇拜背景下所修建的宫观寺
院，也有供奉英烈或先贤的祭祀性建筑。在等级森严的封建社会里，寺庙是民众寄托精
神和敬献虔诚的地方，凝聚了那些时代里最杰出的建筑、装饰、彩塑、雕刻和绘画等方
面的艺术精华，最终超越了时代，将古人的心血创造遗留给今天，使我们能够有机会直
观地感受到中国诸多历史时期的艺术和审美成就。

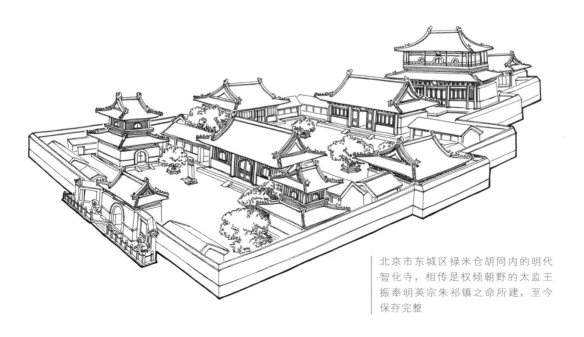

北京市东城区禄米仓胡同内的明代智化寺，相传是权倾朝野的太监王振奉明英宗朱祁镇之命所建，至今保存完整

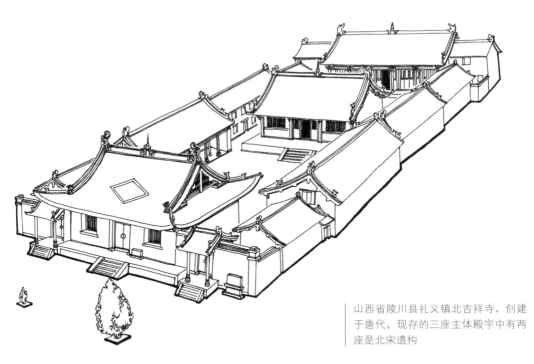

山西省陵川县礼义镇北吉祥寺，创建于唐代，现存的三座主体殿宇中有两座是北宋遗构

　　在中国建筑史上现存排进前几十名的重要早期建筑几乎都来自寺庙，比如现存最早的木结构建筑五台山南禅寺大殿、现存最高的木塔应县佛宫寺释迦塔、现存体量最大的单体殿宇义县奉国寺大雄宝殿等。

1.4　陵墓

平常能够见到的陵墓建筑大体包含三类：帝王陵寝、贵族和名人墓葬以及平民墓葬。帝王陵主要分布在各朝代故都附近，最著名的是西安附近的秦始皇陵和西汉、唐朝帝王陵。秦始皇陵和西汉诸陵都有巨大如山的覆斗式封土，唐代则借助地势以山为陵，把陵区建得极具凛然雄霸之气。最迟自东汉时起，帝王陵就在神道两侧设置有对称的望柱、文臣武将和石雕瑞兽，统称为石像生。虽然在千百年的风雨洗礼之下，地面殿堂大多已毁，但这些石雕却顽强地保存下来，仍然忠实地为墓主人站班守护，也是许多年代久远的陵寝除了封土之外在地表上仅存的遗迹。以陕西的唐陵和河南的宋陵为例，虽然这些陵寝早已被盗掘殆尽，但陵前陈列的石像生却大多保留至今，成为彼时艺术风格的重要实证。

在北京及周边地区的明十三陵、清代东陵、西陵及沈阳福陵、昭陵是现在保存最完整的帝王陵寝建筑群，包括地面祭祀建筑也基本存留至今。

贵族和历代名人墓葬数量众多，规模当然无法和帝王陵寝相比，但许多墓前也都设置有享殿、石刻和石像生之类的陈设，还有一些仅仅是为供后人瞻仰怀念而建成的衣冠冢。

平民墓葬大多除了一抔黄土就没有什么更多地表遗迹了，但经过考古发掘可知，一些宋、金以来的家族墓内部有精美的砖雕仿木结构墓室，偶有所见，精美异常。

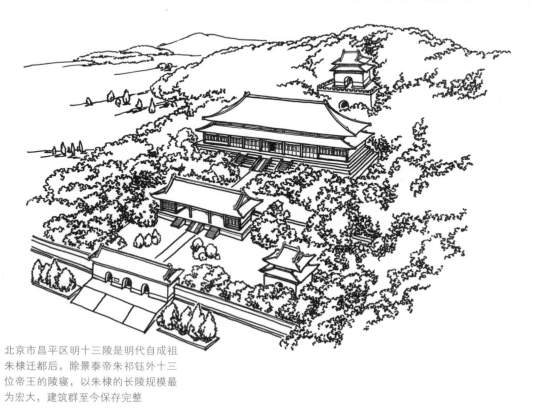

北京市昌平区明十三陵是明代自成祖朱棣迁都后，除景泰帝朱祁钰外十三位帝王的陵寝，以朱棣的长陵规模最为宏大，建筑群至今保存完整

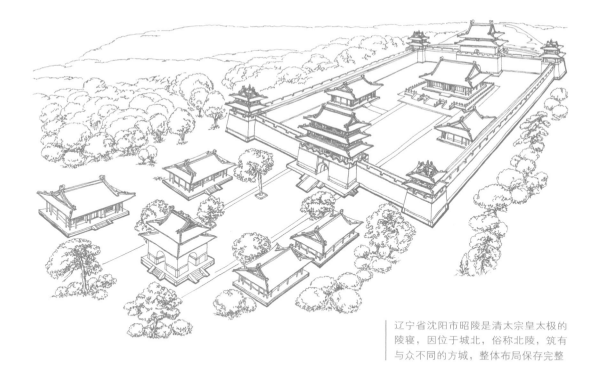

辽宁省沈阳市昭陵是清太宗皇太极的陵寝，因位于城北，俗称北陵，筑有与众不同的方城，整体布局保存完整

1.5　城垒

　　这里说的城垒指的是古时候所修建的城防建筑。各地的城市都修筑有护卫安全的城墙，城墙上大多设置有城楼、马面或者敌台等防御设施。为了增强城门处的防御能力，还建有瓮城或者月城、罗城。环绕在城墙外边还挖有宽阔的护城河或城壕，以增加纵深防御能力，坚固的城防常被誉为金城汤池，所以才有了"固若金汤"这个成语。

　　据考古发掘证明，早在原始社会的部落聚居时期，人类就开始修筑城垒以自保。历史上无数的名城重镇在一代代的建设和修缮中拔地而起，又在烽烟战火里没落消亡，永远地归于沉寂，人类城池的发展史几乎与人类的战争史密不可分。城墙是城市的铠甲，没有它的保护，那些宫殿、园林、寺庙和民居以及一切的辉煌文明在战火袭来时都会变得极其脆弱，陷于任人宰割和毁灭的境地。

　　早期的城墙大多是夯土版筑，包括著名的唐代长安城、元代大都城的大部分城墙也都是土城。到了明代，随着烧砖成本的降低，各地的城墙才纷纷包砌了青砖以增加坚固程度。除了各地的州、郡、府、县之类的城池，许多乡镇一级甚至人口众多、经济富庶的村庄都修建有防贼御盗的城寨堡垒，规模和用材千差万别，但数量庞大。越是动荡的地区，这种堡垒就越多。可惜随着时代的变迁，昔日曾经随处可见的坚固城垣已经逐渐从我们的生活中消失了，今天尚在的城池建筑反倒如凤毛麟角般珍稀。

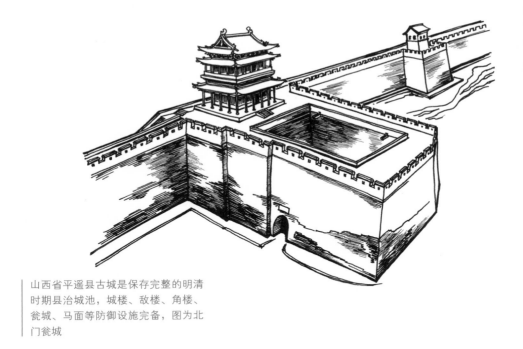

山西省平遥县古城是保存完整的明清
时期县治城池，城楼、敌楼、角楼、
瓮城、马面等防御设施完备，图为北
门瓮城

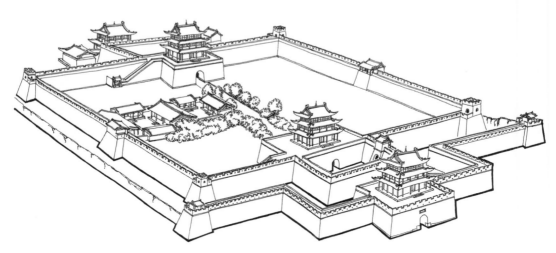

甘肃省嘉峪关，明代万里长城的最西
端，也是迄今为止长城上保存最为完
整的一座关城

中国古代另一项最伟大的城防工程就是举世闻名的万里长城，修建时间绵延两千余年，东西纵横累计约十万里，因其规模庞大，虽历经浩劫，仍然有众多遗存。现在我们经常能够见到的重要地段包砖并加筑空心砖敌楼的长城都是明代所建，已经成为中华民族不屈精神的象征。

1.6　民居

民居是现存数量最多，地域涵盖最广的一个门类了。社会的构成呈金字塔形，最下层民众的居所自然是基数最为庞大的，从黄河到长江再到岭南，各地的民居因地理环境、气候、民族和文化习俗的差异，建筑形式也是千差万别、各具特色，从北京的四合院到福建的土楼，从黄土高原的窑洞到湘黔一带的吊脚楼，很难用一种统一的描述来概括中国的民居，因而也体现了中国文化的博大和多元。

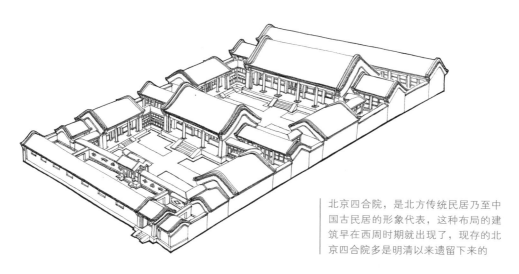

北京四合院，是北方传统民居乃至中国古民居的形象代表，这种布局的建筑早在西周时期就出现了，现存的北京四合院多是明清以来遗留下来的

目前最古老的民居实物可以追溯到元代，明清两代的古民居是现存最多、形式最丰富的，仅以山西一省为例，南北和东西的民居式样都存在明显的差异。最著名者莫过于近些年声名鹊起的晋商大院，但实际上深藏于城乡之中不为人知的特色民居相当多，仅以此项研究为题材都足够写成一本巨著了。

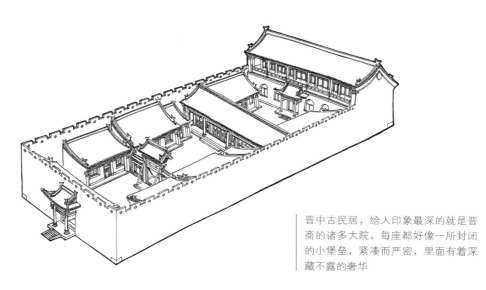

晋中古民居，给人印象最深的就是晋商的诸多大院，每座都好像一所封闭的小堡垒，紧凑而严密，里面有着深藏不露的奢华

1.7 塔和经幢

从汉代时起，随着佛教在中国的传播发展，印度的窣堵坡式佛塔也一同来到了中国，并且迅速和本土的重楼建筑相融合，形成了中国乃至东亚地区特有的新式建筑。许多寺庙里都建有佛塔，按所用材料通常分为木塔、砖塔和石塔。历史上最著名的佛塔是北魏在都城洛阳修建的永宁寺塔，是当时的中国第一高塔。现存最高、体量最大的木塔是应县佛宫寺释迦塔，存量最多的则是砖塔，涵盖了自隋唐至明清的一千多年。

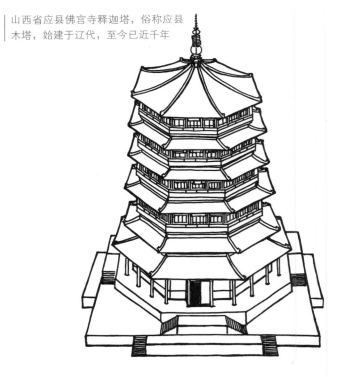

山西省应县佛宫寺释迦塔，俗称应县木塔，始建于辽代，至今已近千年

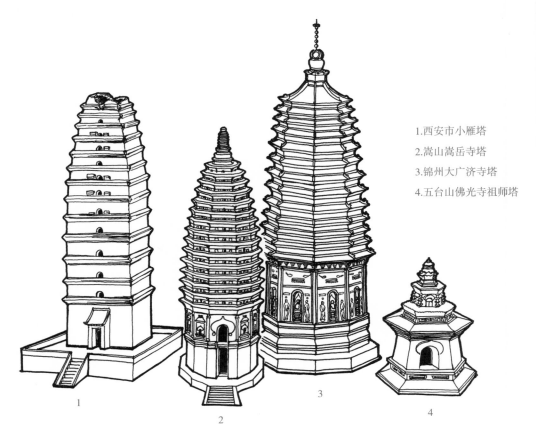

1.西安市小雁塔

2.嵩山嵩岳寺塔

3.锦州大广济寺塔

4.五台山佛光寺祖师塔

1

2

3

4

　　佛塔的常见造型大体分为单层塔、多层塔、密檐塔、瓶形塔、金刚宝座塔等，平面造型常见的有方形、圆形和多边形。因为材料的局限和保存的状况不同，现存古塔以砖塔和石塔为多。一些砖塔周身或局部以华丽的琉璃构件进行装饰，形成了独具特色的琉璃塔。在佛教里，塔除了供奉佛像或者舍利外，还成为高僧圆寂后的归宿，称为墓塔。

　　多层的木塔实际上就是一座攒尖顶的木楼阁。多层砖塔受木楼阁造型的影响，许多不仅在结构上模仿楼阁式样，甚至连外观的梁柱和斗栱也按照木结构的样子一丝不苟地塑造出来，因而也被称为楼阁式塔。

　　密檐塔是从多层塔里逐渐分离出来的，兴盛于唐代，成熟于辽、金时期。塔下部修建于须弥座上，一层格外高大，其上塔檐之间呈密集叠加状，直至最顶端大多不再设有门窗。密檐塔都是砖石结构，多数为实心，在塔一层各面多辟有佛龛或浮雕佛像。辽代现存至今的佛塔中，绝大部分都是实心的密檐砖塔，有一些堪称这类建筑的扛鼎之作。并且在这一时期由密檐塔还衍生出一种更美观的华塔。

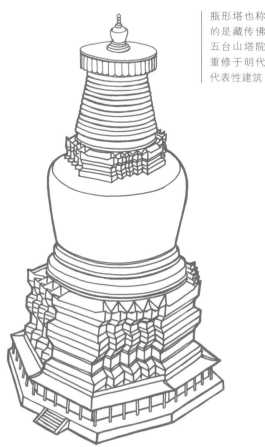

瓶形塔也称覆钵式塔，现存最常见的是藏传佛教喇嘛塔。这座山西省五台山塔院寺的白塔始建于元代，重修于明代，是五台山古建筑群的代表性建筑

　　随着文化的融合，中国本土的道教在元明之后也出现了塔类建筑。除了宗教作用之外，又逐渐衍生出诸如瞭望预警的料敌塔、平抑盈亏的风水塔和祈求科举畅达的文峰塔等诸多功能的塔。到了清代，许多塔的造型更为简单，甚至只是一根无出檐的巨大圆柱。石塔的数量不如砖塔多，因材料的特点大都雕琢精美，著名的大体量石塔有北京真觉寺金刚宝座塔、北京碧云寺金刚宝座塔、泉州开元寺双塔等。

北京真觉寺金刚宝座塔，建于明代初
年，周身装饰有雕刻精美的佛龛和各
种佛教故事，既是佛塔，也是巧夺天
工的石雕艺术宝库

　　经幢也如同佛塔一样，主要是依附于寺庙建筑群，但也有设置在通衢大道上的，都是由石料雕刻而成，造型多为单层或多层的小塔式样，周身镌刻以经文或佛像，始自唐代，尺寸和造型千差万别，但大体都包含基座、幢身和幢刹三大要素。许多经幢看起来就像一座微缩的小型石塔。

1.8　楼阁

　　楼阁顾名思义是指两层以上的建筑，这类建筑是中国传统建筑里造型最丰富美好的一类，功能也是多种多样，比如有供奉神明和佛像的玉皇楼、千佛阁；有用于存放图书典籍的藏书楼、藏经阁；大户人家有出于建筑群风水原因而建的靠山楼；城池堡垒门上筑有城楼、箭楼、闸楼；庙宇中大多建有戏楼、祭祀女神的庙里还有梳妆楼等。除了依附于宫殿、园林、寺庙和大宅这些建筑群修建的楼阁之外，还有许多在城镇中心或者重要位置单独存在的楼阁，它们曾经跨建在街道上空，巍峨地俯视全城，如钟楼、鼓楼、市楼等。

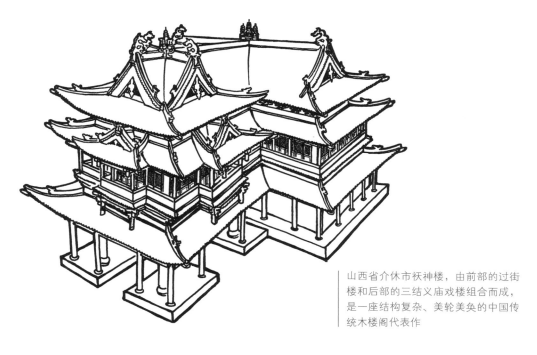

山西省介休市祆神楼，由前部的过街
楼和后部的三结义庙戏楼组合而成，
是一座结构复杂、美轮美奂的中国传
统木楼阁代表作

山西省霍州市鼓楼，其复杂华丽的造
型让人不觉联想起月宫上的琼楼玉宇

在濒临大河的村庄里曾见过不少为镇压洪水而建的镇河楼；许多地方为祈求科举高中建有魁星楼。楼阁的种类林林总总、数不胜数，楼阁的造型也是千变万化、不拘一格，华丽精妙与飞檐迭起使楼阁成为最能展现东方神韵的建筑。从传世的艺术作品中可见古代楼阁常点缀于山水仙境之中，如天界琼楼，美不胜收，历史上的黄鹤楼、鹳雀楼、滕王阁等名楼更是华章传颂、千古不朽。

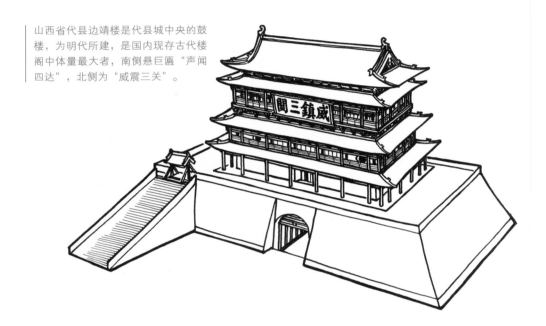

山西省代县边靖楼是代县城中央的鼓楼，为明代所建，是国内现存古代楼阁中体量最大者，南侧悬巨匾"声闻四达"，北侧为"威震三关"。

中国古代楼阁建筑大多数是以木结构为主，诸如鼓楼之类过街楼下部也常筑有高大如城门般的砖石台基。明清之后也出现了一些全砖石结构的楼阁，但都较为简单，无法与木楼阁相媲美。

现存的古代楼阁中，最美的当属万荣县飞云楼、介休市祆神楼等，体量最庞大的单体楼阁应是代县的边靖楼。

1.9　牌坊

牌坊也称牌楼，多跨于通道或路口上，是一种仪仗性的建筑形式，其立面从两根立柱和额枋抑或加仿建筑的庑殿、歇山类顶组成的最简单结构到由一排立柱多组屋顶组成的多开间牌坊，尺度差别巨大。

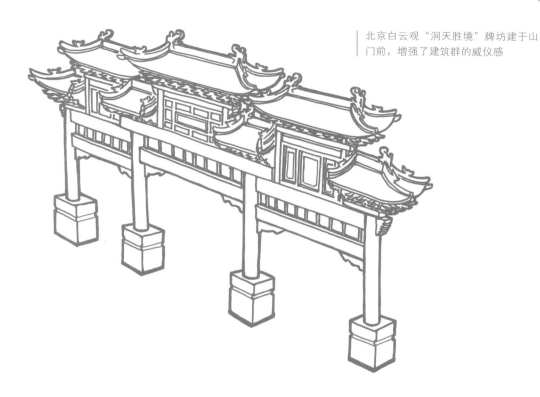

北京白云观"洞天胜境"牌坊建于山门前,增强了建筑群的威仪感

　　牌坊通常也依附于建筑群而存在。许多园林和寺庙中都有牌坊,有的位于建筑群最前端,既可成为建筑群的门户,又增加了层次感。

　　许多街市要道或者里坊巷口古时候也多建有牌坊,如著名的北京东四、西四就是原有牌坊名称的遗留。现在北京国子监和孔庙所在的成贤街上还保留有当年的过街牌坊。

　　一些帝王陵寝里也建有牌坊,如北京十三陵和遵化清东陵、易县清西陵都有为数不少的大型牌坊,等级也是最为尊贵的。

　　牌坊在民间还有显赫门第、炫耀尊荣的官职坊、旌表贞妇烈女的节孝坊、表彰贤孝的孝子坊、褒扬长者的长寿坊等多种功能。用材以木、石为主,也有一部分砖砌的牌坊,或者周身饰以琉璃,成为琉璃牌坊。石牌坊多体量巨大,雕刻华美夺人眼目,木牌坊则多以繁缛至极的斗栱结构见常。后来更衍生出许多诸如曲沃县四牌楼类似于楼阁般的特殊式样,真是千差万别、不胜枚举。

　　现在城市街巷中的古牌坊已经幸存不多了,尚在者多为庙宇寺观所有,比如文庙的棂星门等,虽是建筑群内的一层环节,但形式也是多种多样,十分丰富。乡野间尚存的牌坊则多以单体建筑为主,比如晋南地区乡村中仍可见许多石雕节孝坊。

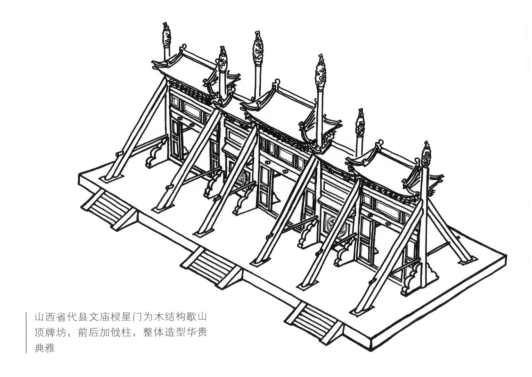

山西省代县文庙棂星门为木结构歇山
顶牌坊，前后加戗柱，整体造型华贵
典雅

山西省绛县南樊石牌坊是一座贞节牌
坊，是清代后期追求极致装饰的产物，
复杂的造型和华美的雕刻令人赞叹。

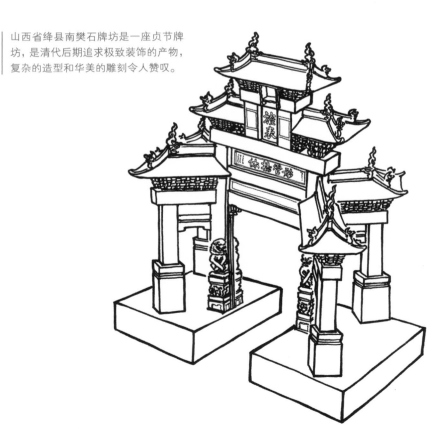

第2章

常见古建筑屋顶样式

常见古建筑屋顶样式包括庑殿顶、重檐庑殿顶、歇山顶、重檐歇山顶、悬山顶、硬山顶、卷棚顶、十字歇山顶、攒尖顶等。

2.1　庑殿顶

这种屋顶之下的建筑平面呈长方形，面阔的尺寸超过进深，前后屋面交汇于正脊处，从正脊两端分别左右斜出向下呈人字形排布的垂脊。

庑殿顶是中国古建筑里出现最早的一种屋顶样式，因其由一条正脊和四条垂脊将屋顶分割为四组坡面，也叫"四阿顶"，又被俗称为"五脊殿"，是中式建筑里较为尊贵的一种屋顶造型。

在等级森严的封建社会里，庑殿顶都是用于尊贵的建筑之上，比如帝王宫殿，以彰显皇权的至高无上；在民间则只能出现于寺庙建筑中，用以供奉神明，否则即为越制。

| 山西省大同市上华严寺大雄宝殿

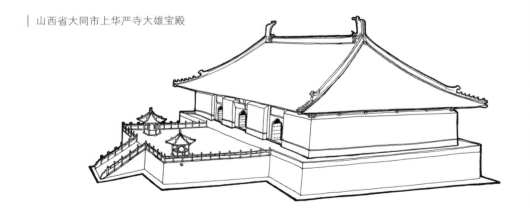

2.2　重檐庑殿顶

重檐庑殿顶是在庑殿顶之下又出一重屋檐，将建筑外观烘托得更加巍峨尊崇。因为在短檐的四角上还各有一条短促的戗脊，使重檐庑殿顶具有了九条脊，这种形式是对庑殿顶高贵程度的进一步强化，也达到了中国古建筑等级的极致。比如北京故宫的太和殿、乾清宫、奉先殿、太庙享殿等都是重檐庑殿顶。民间的寺观神庙体系中大多只使用单檐庑殿顶，现存用重檐庑殿顶的庙宇实例则较少。

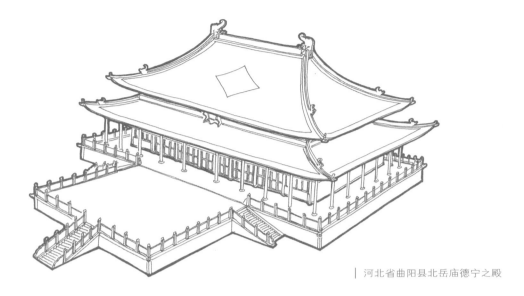

| 河北省曲阳县北岳庙德宁之殿

2.3　歇山顶

歇山顶是一种中国古建筑中较常见并有代表性的屋顶样式，广泛应用于现存的各类古建筑群里，堪称中式建筑的代表性造型。其在正脊的两端各向前后屋面折直角出垂脊，大约到屋面中部位置再向外侧斜刺出戗脊，也类似于悬山屋顶下部加了一圈裙边或者与庑殿顶的一种结合，这样的屋顶有一条正脊、四条垂脊、四条戗脊，也被称作"九脊顶"，前后垂脊间形成的三角形立面称为"山面"，通常以博风板和悬鱼装饰。歇山顶至迟出现在汉代，自唐、宋开始广为流行，其外形严整明快，清晰硬朗，让人有赏心悦目之感，后世山面尺寸逐渐变得越发高大，更增加了这种造型的庄重之美。

| 山西省朔州市崇福寺弥陀殿

2.4　重檐歇山顶

重檐歇山顶是在歇山顶下边加了一圈重檐，在增强建筑美感与气势的同时，也将建筑的等级大为提升，成为仅次于重檐庑殿顶的高等级建筑式样。重檐歇山顶的应用更为广泛，除了在皇家建筑群里的使用，更多的是应用于寺庙之类的建筑中。著名的如北京故宫太和门、清东陵、西陵的诸多隆恩殿、太原崇善寺大悲殿、晋祠圣母殿、曲阜孔庙大成殿、解州关帝庙崇宁殿等。

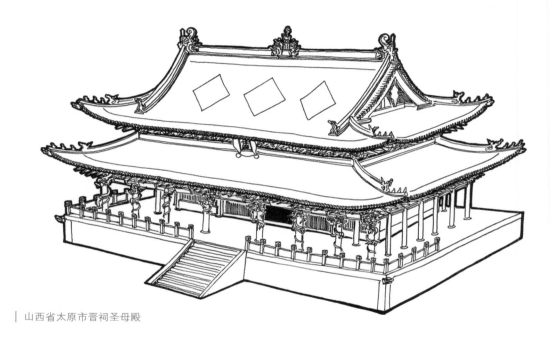

山西省太原市晋祠圣母殿

2.5　悬山顶

悬山顶仅有前后两个坡面，在最高处有正脊，正脊两端向前后屋面折直角出垂脊，特点是屋面左右的宽度超出两山墙，而使屋顶山面孤悬在外，因此被称为悬山顶。这种屋顶宽于山墙的构造能够为房屋本身起到更多的防雨效果，外观简洁明快，硬朗中又有古拙之风，是一种很有特色的式样。在官式的宫殿中，悬山顶的地位不高，从属于庑殿顶和歇山顶之后，通常只能用于低层次建筑之上，但在民间则用途较广。华北一带许多寺庙的大殿都使用这种悬山顶形式，目前现存最早的悬山顶建筑是山西省平顺县龙门寺五代后唐时期的西配殿。根据现存的建筑实例看，金、元以来许多大型的殿堂都使用了悬山顶，比如著名的绛县太阴寺大雄宝殿、绛州署大堂、霍州署大堂、临晋大堂、襄汾普净寺大雄宝殿、芮城清凉寺大殿等。

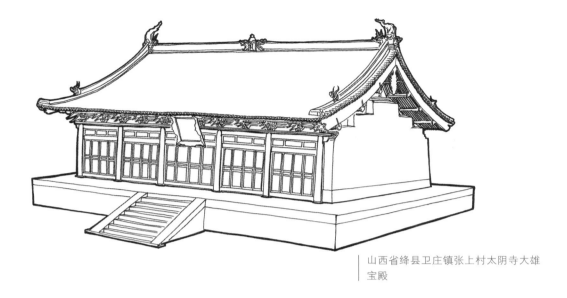

山西省绛县卫庄镇张上村太阴寺大雄宝殿

2.6　硬山顶

硬山顶由前后两个坡面、一条正脊和四条垂脊组成屋顶，两端山墙则与屋面两端平齐甚至高于屋面，将屋面夹在两墙之间。随着明清两代建筑中大量使用砖石结构承重，山墙变得越来越重要，逐渐产生出这种硬山式屋顶，因此属于产生较晚的一种建筑式样，在古建筑中所处地位也不高，不过因为修建简单，成本较低，被广泛使用，尤其在民居中更常见。在通常的古建筑群里，硬山顶只能充当从属角色，如配殿、耳房、库房之类用途，但凡事没有绝对，比如清初沈阳故宫的主殿崇政殿就是硬山顶大瓦房，山西的一些庙宇在清代进行修缮时，也将早期歇山顶或悬山顶的正殿改成硬山顶。

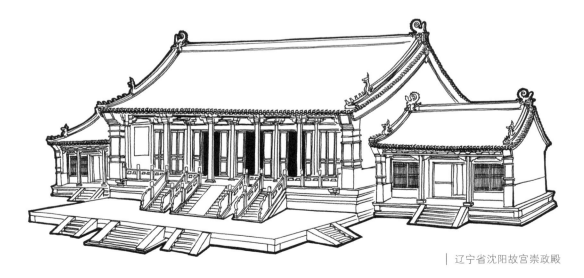

辽宁省沈阳故宫崇政殿

2.7 卷棚顶

卷棚顶的特点是在前后屋面的交汇处不设正脊，将结合部做成曲线优美的圆滑弧面，仅在屋面两端有两条前后贯通并随屋面一同卷曲的垂脊。这种屋顶样式显得优雅流畅，通常也包含歇山、悬山、硬山等形式，属于一种晚期建筑的创意。这种屋顶通常被应用于园林之中，比如北京颐和园和承德避暑山庄这类皇家园林的宫殿区以及许多点景建筑和从属建筑都是卷棚顶。

在北方的广大农村中，许多寺庙的戏台也常见卷棚顶的应用，但在寺庙主体建筑中，通常只用于正殿之前的献殿。

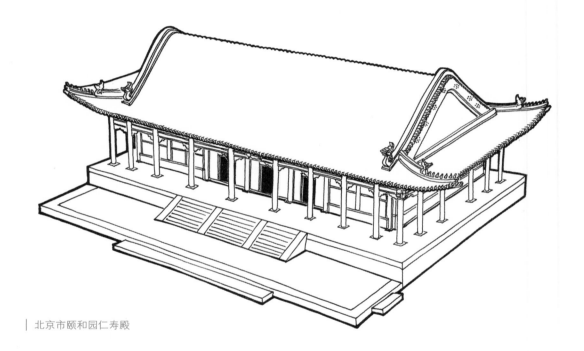

北京市颐和园仁寿殿

2.8 十字歇山顶

十字歇山顶是由两组歇山顶以十字交叉形式组成的建筑屋顶式样，俗称"十字脊"或"十字顶"，因为这样的屋顶在四个方向都有山面，也被称为"四面歇山顶"，使建筑的立面更加丰富，造型也更加美观。这种式样的建筑级别不高，罕见使用于单体的高级别殿宇，现存的十字歇山顶实例多应用在楼阁、献亭之类的建筑上，山西的明、清古建筑遗存中使用较多。

2.9　攒尖顶

建筑物屋顶构造类似圆锥形，无论一组还是几组屋面都在顶部交汇，垂脊也从最高处的宝顶或塔刹开始向下呈放射状排列，因此叫作攒尖顶。但这只是清代的叫法，宋代时曾经叫作"撮尖""斗尖"。通常分为方形攒尖、圆形攒尖和多角形攒尖，比如北京故宫的中和殿就是方形攒尖，天坛的祈年殿、皇穹宇就是圆形攒尖，沈阳故宫的大正殿就是八角形攒尖，多角形的攒尖顶每个角都会对应一条垂脊。当然许多亭子或者宝塔也多用攒尖顶，所以攒尖顶虽然看起来不很常见，其实应用还是很广泛的。攒尖顶也有重檐形式，比如北京国子监的辟雍，其实许多多层的塔也都属于重檐攒尖顶。

还有一些屋顶如盝顶、盏顶、万字顶等，也可以理解为这些常见屋顶样式的变种形式，在现实中应用较少，实例也就不常遇到。

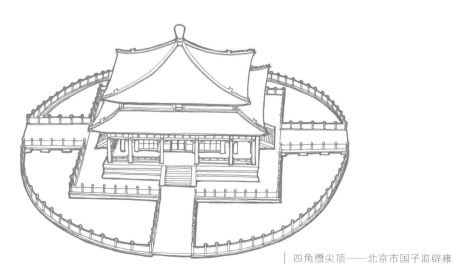

| 四角攒尖顶——北京市国子监辟雍

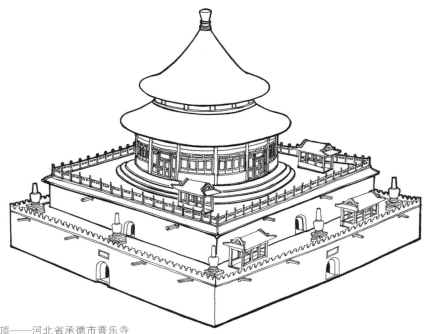

圆形攒尖顶——河北省承德市普乐寺
旭光阁

八角攒尖顶——辽宁省沈阳故宫大政殿

第3章

古建筑的主要构件及其
时代特征

本书的初衷是为了给喜爱古建筑的朋友们讲一些在实际绘画中所能涉及的古建筑知识，比如本章所列出的便是我们在写生时所能接触到的古建筑的一些主要组成元素，本着以绘画需要为目的来进行比对和分析，不以古建筑专业知识的堆砌和罗列为要。

下图标注了一座殿宇从外观上可见的主要组成部分的名称，也是我们写生绘画时会经常涉及的具有明显时代特征的元素。

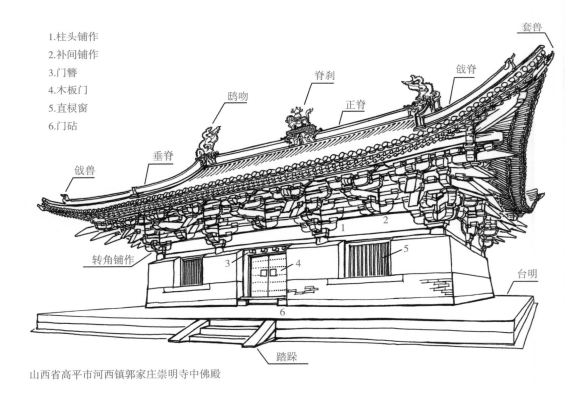

1.柱头铺作
2.补间铺作
3.门簪
4.木板门
5.直棂窗
6.门砧

套兽

脊刹

鸱吻

正脊

戗脊

垂脊

戗兽

转角铺作

台明

踏跺

山西省高平市河西镇郭家庄崇明寺中佛殿

| 古建筑外观各部位的名称

3.1　鸱吻

也叫螭吻，设置在古建筑正脊的两端。相传始自汉代，最早只是一个类似鱼尾式样的装饰物，据说源自神话中可"喷淋降雨"的鸱鱼，所以初名"鸱尾"，意在保佑木结构建筑免受火灾的困扰。由于早期的建筑物基本无存，鸱尾的实例已经很罕见，但从现存的北朝以来石窟和北朝至唐代的壁画里仍能够看见鸱尾的大体式样，一个向内弯曲的鱼尾造型，简单质朴。现在唐代鸱尾的实物在博物馆里尚可见到。

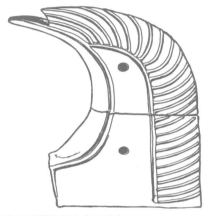 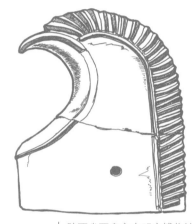

陕西省西安市昭陵博物馆内唐昭陵享　　　　　　　　　　陕西省西安市大明宫博物馆内唐代鸱尾
殿鸱尾

在唐代中期以后，鸱尾的下部逐渐衍生为兽头造型，即为鸱首，都是呈张开大嘴咬住正脊状，意为稳固和震慑，并增加建筑的威仪感，吻的本意就是兽类的嘴，因而被称作鸱吻，并将鸱吻附会成龙之子，亦俗称为龙吻。

宋徽宗赵佶所绘《瑞鹤图》中宋代鸱
吻的图样

　　到了宋代，鸱吻造型更加趋于具象化，并逐渐塑造了如龙般的头和角，不过很可惜，宋代的鸱吻实物现在已经极为罕见，只能以宋徽宗赵佶所绘的《瑞鹤图》中汴梁宫殿的鸱吻形象来代表。可见此时的鸱吻除了龙一般的头，身躯总体上仍呈平面化，介乎鱼和龙之间，总体造型仍然是接近唐代时鸱吻的感觉。

　　同时期中国北方由契丹人建立的辽国也是全面受到汉文化的影响，辽代建筑上承唐风是公认的事实。从现存的辽代鸱吻中也可以看出唐、五代以来的鸱吻造型之传承与流变。可见彼时除了龙形的鸱首，尚未演化出龙爪，整体上更接近唐代的式样，造型也显得更大气飘逸。

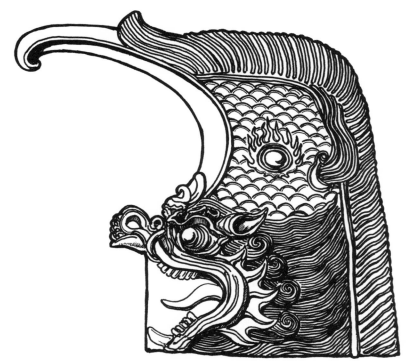

|天津市蓟州区独乐寺山门辽代鸱吻

　　宋和辽长期并存，文化互相影响融合，日趋成熟起来，然后被崛起的金朝全面继承和接受。从鸱吻的造型来看，装饰元素比之从前更加丰富，并且有所发展。比如辽以前的鸱吻实物绝大多数是由灰陶烧制，金代现存的鸱吻实物则都已经采用了琉璃工艺制作，近800多年来，仍然绚丽多彩、熠熠生辉。

　　大同在辽、金两代都被尊为西京，大同的上、下华严寺就是始建于辽代的皇家巨刹，现存的上华严寺大雄宝殿虽为金代遗构，却是在辽代殿宇的基础上修建而成，这座巨大的琉璃鸱吻也更多地继承了辽代的特色。对比前面的辽代鸱吻图样可以明显地看出造型和主要元素上的相似之处，粗犷硬朗的造型更彰显出塞北的豪放之气。

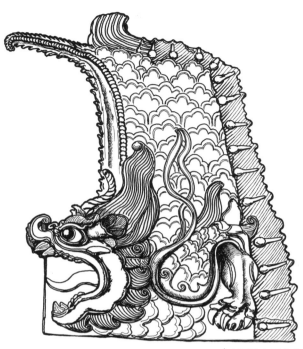

| 山西省大同市上华严寺大雄宝殿金代鸱吻

　　这件金代鸱吻，位于山西省西北部朔州市的崇福寺弥陀殿，可见这时候鸱尾已经完全被塑造成龙身的样子了，就是一条龙盘曲于原来的鸱尾外形之上，空白处饰以云朵装饰，这也算是开启了后来几个朝代鸱吻式样的先河。

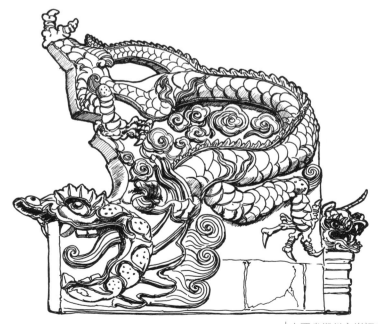

| 山西省朔州市崇福寺弥陀殿金代鸱吻

这件元代鸱吻也是介于由简单的鸱尾外形向更具象的龙身塑造转化的过程中，鸱首和龙头都怒目凝眉，威猛异常，栩栩如生，龙身的鳞片饱满而硕大，这是早期鸱吻形象的一个显著特点。

山西省高平市原村乡上董峰村万寿宫
元代鸱吻

著名的永乐宫元代琉璃鸱吻堪称存世元代鸱吻中的代表作，造型上既有早期鸱尾的特点，比如一个巨大的鸱首在前，身部整体塑造成类似鱼尾状，但在其上又塑造出与鸱首相分离的完整的小龙形象。鸱首上的双角也被着重强调向前挑出，整体上更显圆润、华贵和威猛。

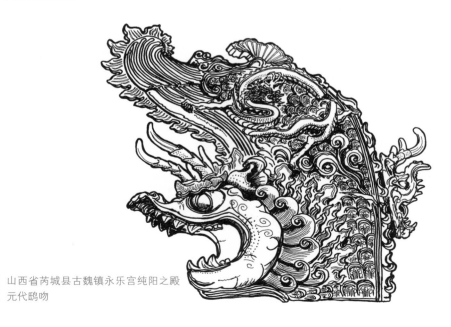

山西省芮城县古魏镇永乐宫纯阳之殿
元代鸱吻

　　精美而大气的永乐宫琉璃鸱吻，堪称是鸱吻造型承上启下的重要实例。这件无极之殿上的鸱吻更多地继承了金代造出来的龙身盘曲的造型，将从前鱼形的鸱尾塑造成了一条舞动于云朵之间的高浮雕游龙。

山西省芮城县古魏镇永乐宫无极之殿元代鸱吻

　　到了明代，鸱吻的造型有了一个明显的变化，尾部不再指向脊刹，而是向外侧做卷曲状，这是不同于以往的一种创新。而同时依附于鸱尾上的小龙也被塑造得更大、更生动逼真，几乎达到了势欲飞腾的程度。

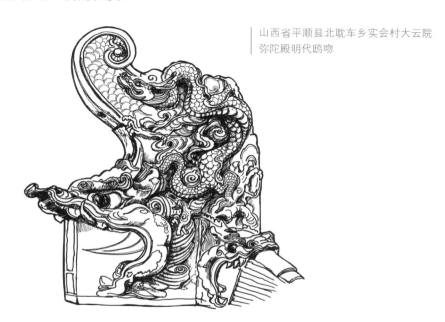

山西省平顺县北耽车乡实会村大云院弥陀殿明代鸱吻

这一件鸱吻保留了金元以来造型上的遗风，虽然有所残缺，但仍可很明显地看出鸱尾呈龙尾状，依附在上面的高浮雕小龙更加顽皮生动和写实。

山西省陵川县崇文镇岭常村西溪二仙
庙明代鸱吻

明代鸱吻后来还出现了一种完全以遒劲向前的小龙代替鸱尾的创造，虽然造型并不固定。在手工业时代，鸱吻塑造的水准还是要靠匠人自身的艺术素养和经验，但总是有一个当时流行的造型规律与习惯可以借鉴和遵循。这种极其张扬和花哨的塑造多出于民间庙宇，几乎是匠人们比拼技艺的一场展示。

山西省介休市洪山镇石屯村源神庙明
代鸱吻

相对于民间鸱吻创作的天马行空，明代官式建筑上的鸱吻可谓是简洁明快、中规中矩，尾部向外卷曲则成为固定的模式。并且在鸱吻的背部演化出一把剑柄的造型，意为插着一口宝剑，既具有震慑邪魔的作用，也表示将鸱吻固定在屋脊上，使其专注于防火的本职工作，无法逃脱。

明代的剑柄上部做出五朵云纹装饰，并且内侧是向龙头方向突出或弯曲的，这是一个显著的时代特征。

北京市东城区禄米仓胡同智化寺明代鸱吻

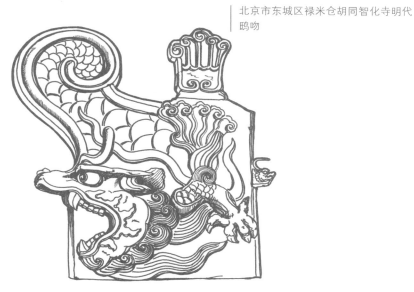

清代官式鸱吻上的剑柄与明代有个重要区别，就是剑柄垂直，并不向内侧突出。如这种宫殿上的大型鸱吻，也叫作正吻，卷曲的尾部、浮雕的游龙都是标准配置，但只注重外观简洁大方，不刻意追求夸张威猛的造型和气势。

北京故宫奉先殿清代鸱吻

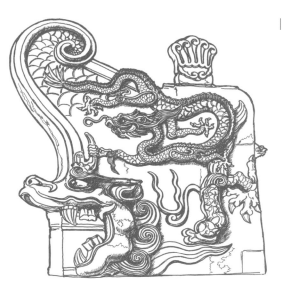

　　民间庙宇上的琉璃鸱吻还是继续按照自己的脉络传承，比如这件清代鸱吻很明显源于明代以高耸向前的小龙替代鸱尾的造型，刻画更加华丽和追求细节，但却是只有形似，难以神似，缺少明代以前的那种威猛气势，造型开始趋于僵化和符号化，这也反映了一个时代的审美情趣。

| 山西省浑源县永安寺清代鸱吻

　　清代寺庙同时也有许多鸱吻仍然保持了明代尾部卷曲和浮雕小龙的造型，但鸱首虽然沿袭着张开大口、尖牙利齿咬住正脊的形象，却已经缺少了那种不怒自威和令人敬畏的气度，甚至变得有点滑稽。

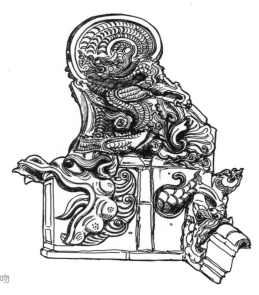

| 山西省介休市五岳庙清代鸱吻

　　因为庙堂殿宇建筑规格的不同，鸱吻的尺寸也是大小各异、千差万别。从高度几十厘米到超过两米的都有。比如北京东岳庙院中放置着一对巨大的鸱吻，比我的身高还要高得多，诸如北京故宫太和殿等大型建筑的鸱吻尺寸应该只会超过于此。

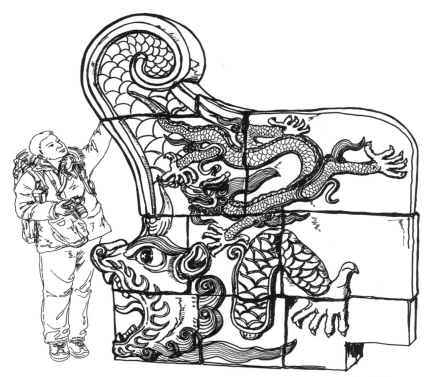

| 北京市朝阳门外东岳庙鸱吻

　　各个时代的鸱吻有着从细节到整体的传承和差异，我们在绘画时要分析年代，抓住特征，既要把握其造型上的独特性，也要注意那些反映时代的细节元素，更要注意鸱吻的神态。鸱首的怒目凝眉、咬牙切齿是表现神兽威猛的关键之处，把这些表达好，就成功一半了。

3.2　脊刹

　　在古建筑的正脊中间位置有时候会设置一对分别朝向外侧的鸱首，两个鸱首上承托或者之间夹置一种或为狮子承托宝葫芦、或为天宫楼阁造型、或为神位字牌之类的装饰物，称之为脊刹。这种装饰多见于楼阁和寺庙之类的建筑，皇家的宫殿类官式建筑中则极其罕见。脊刹出现的时间众说纷纭，现存可见最早的实例是金代遗物。到了明清两代，不少寺庙殿宇上的琉璃脊刹已经演化成为纤秀多层的微缩楼阁或争耸向天的楼阁群组，花团锦簇地阵列于正脊中部，楼阁上有时候还要插上铸造华丽并有吉祥寓意的铁饰件，和正脊两端的鸱吻遥相呼应，把殿宇的外观烘托得更加庄严神圣。

山西省五台县豆村镇佛光村佛光寺文
殊殿金代脊刹

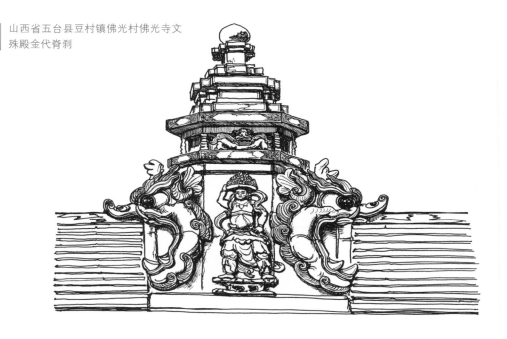

山西省朔州市崇福寺弥陀殿金代脊刹

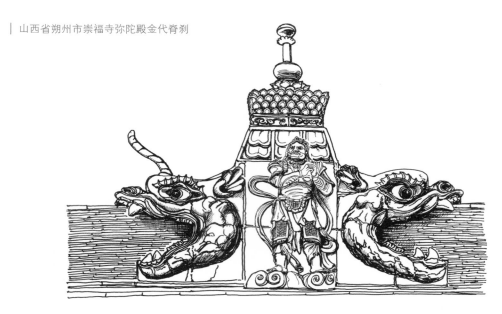

　　作为一种建筑外在的装饰构件，早期的脊刹造型还算是中规中矩，并不显得夸张，
也还没出现高耸的楼阁类形象，仅以须弥座或者莲台之类佛教元素进行点缀，前方站立
力士或天王，比如这里展示的两件金代脊刹就是如此。

　　现存的元代脊刹实例已经不多了，以这一组为例，鸱首间的力士造型还在，塑造得
更洒脱生动，脊刹上面出现了一头威猛凶悍的狮子，但装饰元素仍不复杂，狮子背上仅
以莲台宝珠之类造型略加点缀而已。

山西省高平市原村乡上董峰村万寿宫
元代脊刹

　　脊刹因为高耸于正脊之上，位置过于突出，格外易损，现存早期遗物已经不多了，常见的是明清两代以来的脊刹作品，也都极尽华丽雕饰之能。比如这一组明代作品就在正中央出现了建筑的造型，建筑之上才是狮子。两侧的鸱首上也出现了狮子，三只狮子都承托宝瓶，使脊刹的整体造型更加丰富华丽。

山西省介休市后土庙明代脊刹

在一些脊刹中，鸱首的顶上也塑造大象的形象，但正中的位置还是以狮子造型为主，狮象背上再承托宝珠、伞盖、宝瓶等物，有的在最顶端还插有铁饰物，比如这一组是三柄铁叉。这种形象的脊刹在明清以后的寺庙中已经是较为常见的式样了。

山西省太原市晋源区晋祠镇王
郭村明秀寺明代脊刹

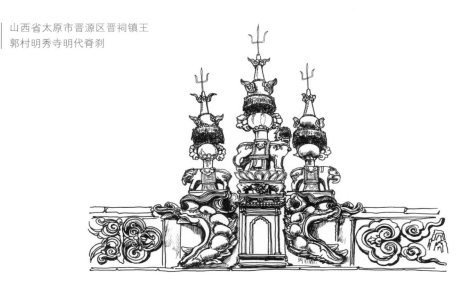

明清之际，在琉璃烧造水平高超的山西境内出现了许多极其复杂精致的脊刹造型，比如这组脊刹塑造为富丽堂皇的楼阁建筑群，寓意为神明所在的紫霄琼楼天庭宫阙，有主楼和两侧的配楼以及狮子承托宝瓶共同组成。主楼下还饰有神君人物、桥榭碧波，并有人泛舟其上，已经开始追求画之境界了。在这组脊刹的最顶端都插有很复杂的铁饰件，整体上显得更加高耸和富丽，这就是明清时代极致追求装饰效果之下的产物，也只有明清的建筑上会诞生这样的作品。

山西省稷山县稷王庙清代脊刹

3.3　脊饰

其实古建筑的屋顶上除了鸱吻和脊刹之外，通常还有许多装饰构件和浮雕纹饰，但根据建筑的等级和式样，这些构件的造型和使用也是千差万别，并没有固定模式。这里所说的脊饰即屋脊上的各种装饰，严格来说，鸱吻和脊刹也是屋脊上的装饰物，并且是最主要的两大类，但因其现存实物可以理出清晰的时代特点和传承脉络，因此在前面进行了单独介绍。

这里说的脊饰主要是屋脊上的浮雕、垂脊和戗脊上的兽头、戗脊前端的蹲兽或走兽，甚至还有一些庙宇脊上点缀的仙人和神将，所以这一类别里包含的题材十分广泛，堪称琳琅满目。

并非所有古建筑的屋脊上都有所装饰，早期建筑的屋脊多以瓦片垒成，后来许多官式建筑比如北京故宫各殿宇屋脊上就基本没有浮雕装饰，很简洁素雅。在正脊上进行装饰的多是寺庙建筑。

以山西为例，明清两代以来，当地经济繁荣，人民富庶，于是有大量的资金被投入到庙宇的修建上。琉璃烧造的需求大增，工艺水平也大为提升，许多庙宇都加上了花团锦簇的琉璃饰件，其中正脊上多以团花和游龙为主，成为山西乃至北方寺庙建筑的一大特色。

在古建筑屋顶上除了鸱吻和脊刹外，还有一类兽头装饰，就是位于垂脊前端的垂兽和戗脊前端的戗兽。两者并无明显区别，甚至可以用同一种兽头作为装饰，大部分都是怒目向天、张嘴龇牙的凶猛造型，也有人说它们是另一种造型的鸱吻。这种兽头装饰同时还有固定屋脊的作用。官式建筑上的垂兽和戗兽都是造型单调近乎统一的式样，但民间庙宇中则仍然是任意发挥，尽情创造，有的垂脊前甚至将兽头换成骑于脊上的游龙或者奔跑的狮子、麒麟。

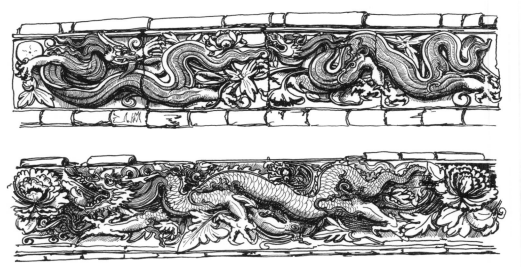

| 山西古建筑正脊上的琉璃龙装饰

现在仍然安置于建筑上并能确定时代的最早的垂兽实物应该是金代的作品，此时代的垂兽只塑造了头部，都张着狰狞的血盆大口，做怒吼咆哮状，有威吓之意，其体量都很巨大，是后世许多垂兽无法相比的。

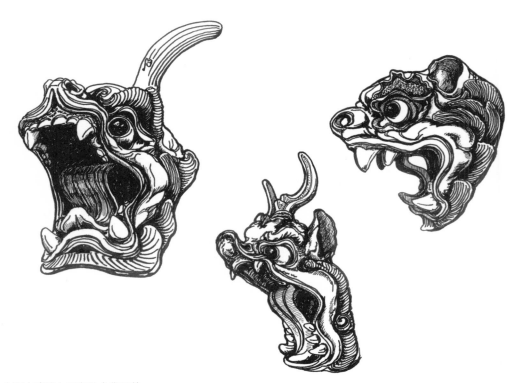

| 山西古建筑上现存的金代垂兽

　　到了明清时期，在民间寺庙中，垂兽和戗兽的造型可谓是天马行空，把匠人们的创造力极大地激发出来了。各种威猛神气的瑞兽造型纷纷登场，现存最多的也是这两个时代的作品，可谓是精品迭出，为建筑本身增添了无穷的光彩。

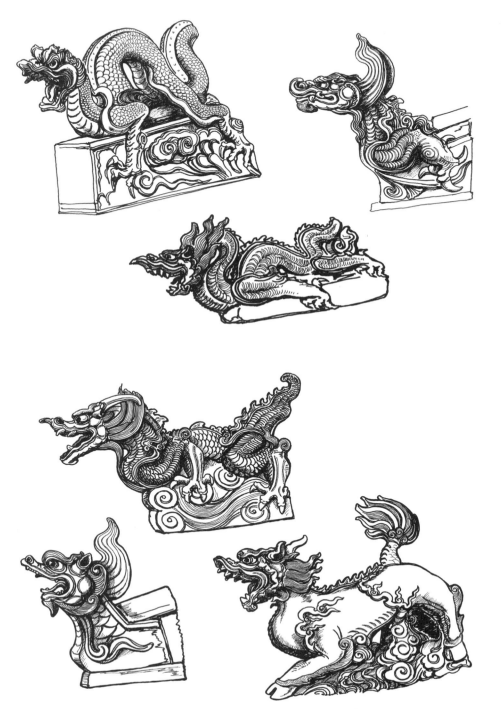

　　这一组图中左上角的骑羊仙人高度写实，又不同于大多数庙宇建筑上常装饰的金刚力士，令人有新奇之感。右上角的则是官式建筑上的垂兽和戗兽，几乎是千篇一律，明清两代都少有变化。

　　在庑殿顶、悬山顶的垂脊前端和歇山顶的戗脊前端按照等级的不同设有数量不一的蹲兽。这种形式自宋代时即已出现，至明清时期逐渐发展完备，形成了一套规范的体系。蹲兽的数量越多，代表着建筑的等级越高、越尊贵，反之则数量相应递减。现存蹲兽数量最多的当数古建筑中级别最为尊贵的北京故宫太和殿，为了彰显皇权的至高无上，其每条垂脊前设蹲兽10尊，加上最前端标配的骑凤仙人共计11尊。

　　民间的寺庙中蹲兽数量也多有差异，不少寺庙建筑上干脆不设蹲兽，越到晚期，蹲兽的造形也越随意和不规范。

| 北京故宫太和殿的脊兽

在古建筑檐角下的角梁尽头装饰有一个类似龙头造型的兽头叫套兽。图中右上角的套兽是明清官式建筑中常见的造型，两代以来未有太大差异。民间寺庙的套兽则造型更加多样，也更充满威武的神韵。

在一些庙宇的殿顶上还设置有琉璃烧造的金刚力士，大体呈用力拖拽的姿态，一些力士身上也真的是连接有铁链，主要是为了加固高高的脊刹。

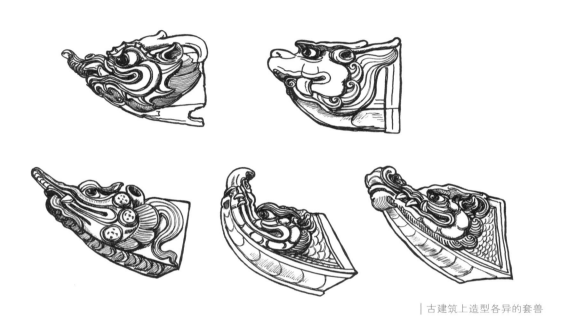

| 古建筑上造型各异的套兽

| 山西古建筑上装饰的宋金时期力士

3.4　仙人神将和角神

在民间庙宇高挑的飞檐尽头通常不设置官式建筑中的骑凤仙人，而常常塑造一些神将力士或者由不知名的神占据。这一位置上的人物造型最早源于宋代，当时名曰"傧伽"，就是端坐在檐头的力士，后来逐渐演化成造型各异的神将，这种神将在民间也有其自身的来源和传说。

以晋东南为例，当地流传将檐角的神将附会为庞涓、韩信、罗成、白玉堂等四人，不同地区四人的指代也会有所差异，其所处位置是殿宇的最尽头，也称走投无路，这四个人都是传说中英年惨死的雄强人物，俗称四大短命鬼。所以在山西的许多庙宇飞檐尽头总可以看见威猛的神将或仙官守护，堪称一大特色。

这一类仙人神将本也是属于殿宇上的装饰，为官式建筑上所没有的，可自成体系，因而单独列出。

| 仙人神将和角神所在位置的示意图

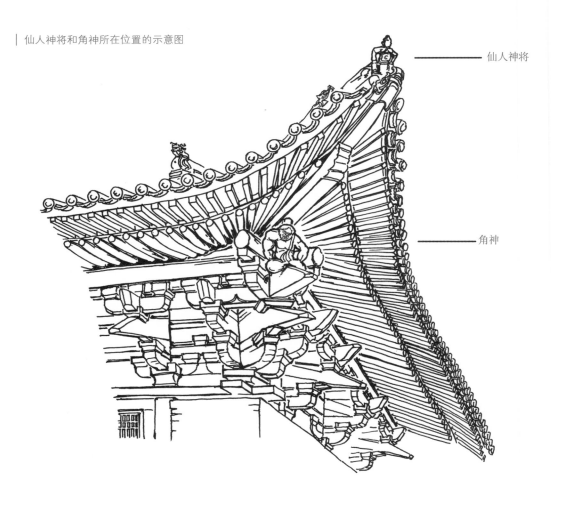

仙人神将

角神

山西省泽州县金村镇府城村玉皇庙琉璃神将

山西省陵川县礼义镇北吉祥寺琉璃神将

山西省长治市潞安府城隍庙琉璃神将

山西省泽州县金村镇府城村玉皇庙琉璃力士

山西省泽州县金村镇府城村玉皇庙琉璃仙人

在古建筑高高挑起的飞檐下有粗壮的角梁进行支撑，在角梁之下的位置有一个斜向伸出的构件叫"由昂"，其与角梁间有一个相对突出的死角，经常会有燕雀在此筑巢。古人就在由昂上设置平盘斗，并立宝瓶之类的饰物，看起来在辅助支撑角梁，既填补了这一空间，又可起到一定的装饰效果。现存最早的实例就是五台山佛光寺东大殿角梁下的八棱形宝瓶，很可能始自唐代。但这并非标准的配置，比如现存的五代建筑平遥县镇国寺万佛殿以及辽代建筑应县木塔都有在平盘斗位置封堵一大块灰泥的实例，说明这里的构件并非房屋结构之必须。

后来将宝瓶之类的饰物改为力士的造型则是一个很好的创意，力士们或坐、或站、或蹲在由昂上，大多是委委屈屈压在角梁下做奋力扛托的模样，使这种原本被人们忽视的建筑死角也多了一丝生动的气息。这些力士则被称为角神，因为从平盘斗和宝瓶演化而来，也叫平盘神或宝瓶神，有泥塑的，也有木雕的，但大多毁坏严重或者随着历代的修缮而消失，所以也是古建筑上一项濒危的元素。

| 山西省泽州县硖石山青莲寺藏经阁角神

| 山西省晋中市榆次区城隍庙角神

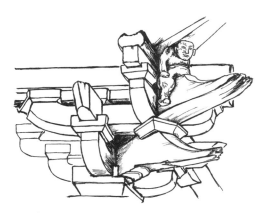

| 山西省陵川县潞城镇郊底村白玉宫角神

| 山西省晋中市榆次区城隍庙角神

3.5　斗栱

斗栱也写作枓栱，唐宋时称为铺作，明清时则改称为科，是中国古建筑的重要特色和元素，无论从建筑角度还是从审美角度，斗栱之美都是中国古建筑的点睛之笔。斗栱的结构当然也是在漫长的历史过程中逐步完善健全起来的，最初是参与建筑的承重，由斗和栱两部分组成，因此合称为斗栱。按所在位置的不同主要又分为柱头、补间、转角三类。随着建筑结构的日趋精密和复杂化，逐渐发展形成了完备的学科门类和艺术形式，也成为区分建筑等级的一个重要标志。北宋李诚所著的《营造法式》一书为当时的建筑制定了规范化标准，为我们研究唐代以来的古建筑提供了重要的理论依据。清代的

《清工部工程做法则例》是中国古建筑传承至最后阶段的一种总结。

　　古建筑构件的许多名称都是很生动的，因为使用木材修造，所以许多专属名词都带有一个木字旁，如枓、栌枓、枋、桁等，但流传到现在，许多词都被简化或替代了，如"枓"被习惯简化成"斗"。古建筑出跳的华栱也被称为"杪"，即一跳华栱为"一杪"，如五台山佛光寺东大殿的铺作是"双杪双下昂"，今天则常常被写成双抄双下昂，都是脱离了木字旁本意的。

　　下图是按照北宋《营造法式》中所说的唐宋以来古建筑构件名称所画的示意图，在这里可以了解到我们画古建筑时所遇到的这些构件的名称和关系。

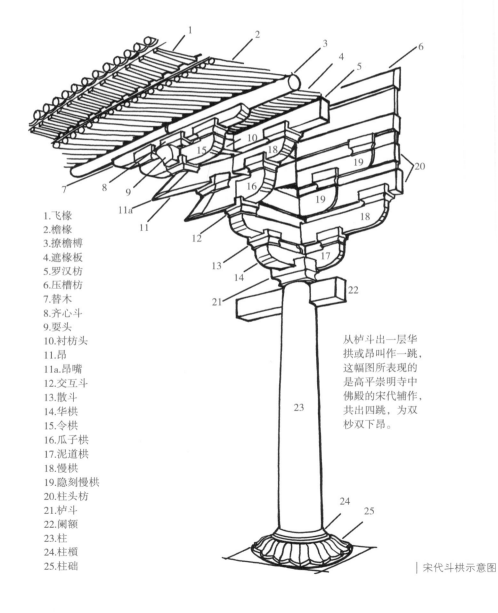

1.飞椽
2.檐椽
3.撩檐槫
4.遮椽板
5.罗汉枋
6.压槽枋
7.替木
8.齐心斗
9.耍头
10.衬枋头
11.昂
11a.昂嘴
12.交互斗
13.散斗
14.华栱
15.令栱
16.瓜子栱
17.泥道栱
18.慢栱
19.隐刻慢栱
20.柱头枋
21.栌斗
22.阑额
23.柱
24.柱櫍
25.柱础

从栌斗出一层华栱或昂叫作一跳，这幅图所表现的是高平崇明寺中佛殿的宋代辅作，共出四跳，为双杪双下昂。

│ 宋代斗栱示意图

　　中国的古建筑以木材为主，受材料限制以及天灾战乱等因素的影响，太早的建筑极难保存至今，我们现在所能见到的最早的木结构殿宇仅能追溯到唐代，其中代表性建筑便是五台山的佛光寺东大殿。

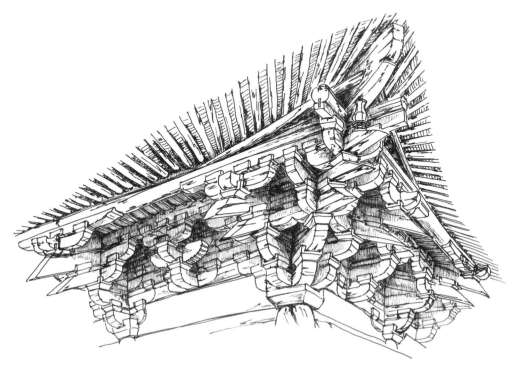

山西省五台县豆村镇佛光村佛光寺东大殿唐代铺作

　　在国内现存的唐代建筑中，佛光寺东大殿的建筑等级最高，规模也大于其余几座，从中可直观感受到其雄浑磅礴的气势，是不可多得的唐代建筑珍品。以此为例，这座殿宇的斗栱属于双杪双下昂七铺作，杪指的是栌斗上的华栱，栌斗到耍头间的铺作层数称为跳，也就是说这里的双杪双下昂是出四跳，加上固定的栌斗、耍头和上面的衬枋头这三层，一共就是七铺作。因此计算唐宋建筑的铺作数有一个小公式：出跳数+3=铺作数。

　　昂是斜置于斗栱中的构件，最初的作用是以屋子内部构架的重量来平衡挑出的屋檐重量，实际上就是杠杆的原理。唐以前的下昂现存实例只有东大殿的“批竹式”一种，即昂的斜面砍成类似斜劈的竹竿，也有自斗外斜杀至尖者，昂面平直。栌斗直接坐于柱头顶端，无普拍枋，阑额不出头，补间的铺作也不落在阑额上，如果画东大殿或者现代的一些仿唐式建筑，则要注意这些特点。画斗栱时不但要注意各组斗栱之间的远近层次，也要注意每组斗栱自身的结构相似性和呼应关系，否则很容易会出现把一组斗栱刻画精细，最后却和建筑整体性无法契合的情况。

　　五代紧随唐后，前后延续仅五十余年，建筑风格则与唐一脉相承，差别并不大。现存的五代建筑也仅是个位数，以结构最复杂的平遥镇国寺万佛殿铺作对比来看，除了耍头改为昂形，其余部分与佛光寺东大殿基本类似。万佛殿也是五代建筑中的代表作，只是开间较少，举架不高，铺作层的高度甚至达到了檐下高度的近一半，极具张力。

山西省平遥县襄垣乡郝洞村镇国寺万
佛殿五代铺作

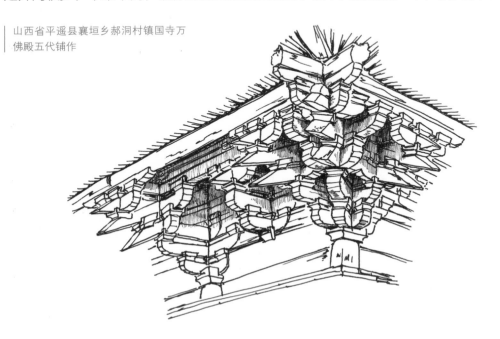

　　宋代的建筑里只有这座高平崇明寺中佛殿依然延续了唐及五代以来狂放硬朗的建筑风格，这在铺作部分看得很明显。中佛殿的建造时间是北宋刚刚建国，与佛光寺东大殿在时间上相距百年，建筑风格则依然如故，是现存宋代建筑中最独特的一座。

山西省高平市河西镇郭家庄崇明寺中
佛殿北宋铺作

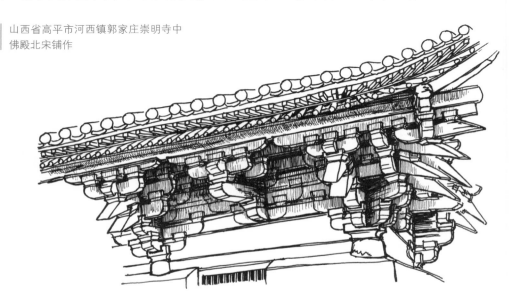

到了宋代中后期，中原的建筑形式趋向于更儒雅和俊逸的风格，虽然仍不失巍峨大气，却少了些唐和五代时期的粗犷与硬朗，也是当时社会文化氛围的一种间接反映。

体现在建筑细节上，比如唐和五代的批竹昂是斜面整齐、相对短促的。宋代则将昂身加长，昂面中部隆起棱线，昂嘴处也不再平直，而是做成向前突出的角状，构件整体上更显圆润，组合成的斗栱和殿宇则给人以宋瓷般恬淡素雅的美感和洒脱飘逸的精神。并且从五代时期诞生的鸳鸯交手栱（转角铺作处相邻的令栱结合在一起，共用一个散斗）在这一时期也得到了广泛应用，这是中国古建筑走向成熟和完善的一个重要时期。现存的宋代建筑大多保存在山西境内，尤以晋东南地区居多，是追寻故宋风韵的好地方。

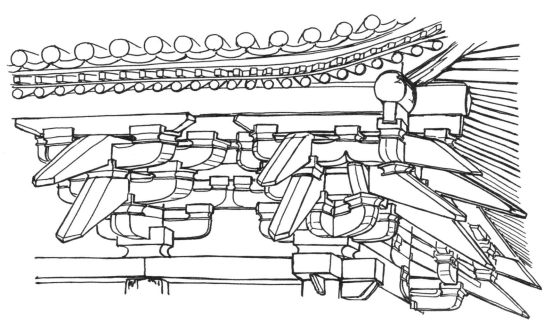

山西省高平市马村镇大周村资圣寺北宋铺作

在画宋代建筑时，要注意其下昂和斗等构件的造型与时代特点，才能避免千篇一律，混淆唐宋与明清。比如五代至宋的栌斗或一些散斗、交互斗下部斜面呈弧形内凹，使斗外观看起来像一个杯盏。另外五代时开始出现了加设在柱子顶端与栌斗之间、辅助阑额承重的普拍枋，到宋代以后成为常设构件，也是一个时代特征。

　　宋代之后出现了琴面昂，昂身由平直变为略向下凹的弧形，如古琴般圆润。大体有两种式样，一种是昂面中部隆起棱线，两侧呈坡面状，昂嘴较小，近乎三角形。而且这时期的诸如令栱、瓜子栱、慢栱等构件的弧面也是做成抹斜式的。

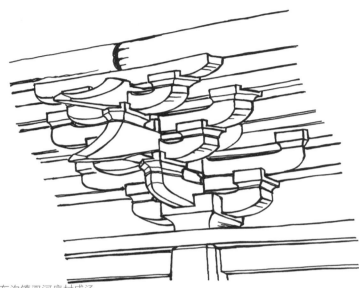

山西省泽州县大东沟镇双河底村成汤
庙北宋铺作

　　另一种昂面呈圆滑的半弧形，昂嘴因此也是半圆形，更大一些的则形如马蹄。实际上琴面昂也处于承前启后的重要阶段，给予古建筑一种全新的精神面貌，比之批竹昂的伶俐，琴面昂更显温和与内敛的气质。

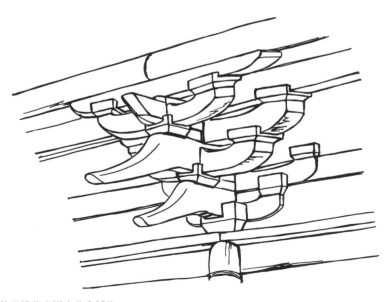

山西省陵川县礼义镇北吉祥寺北宋铺作

　　辽代建筑上承唐风，并且有所发展，虽然现存的建筑实例只有八座，但仍可从中领略唐代遗韵。以有斗栱博物馆之美誉的山西应县木塔为例，这个时候的斗栱仍然是体量硕大、出跳众多、托举深广，充满了雄强的力度。也开始应用普拍枋，扁而薄的木板加在柱头和阑额上，辅助承托铺作层的压力。

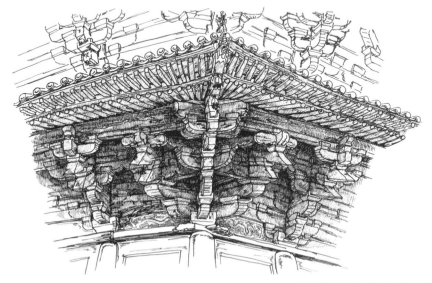

山西省应县佛宫寺释迦塔檐下辽代转角铺作

山西省应县佛宫寺释迦塔平坐下辽代转角铺作

　　辽宁省义县奉国寺大雄殿是国内现存体量最大的单体殿宇，铺作形式也是唐风浓郁，短促有力的批竹昂传承特点明显。补间铺作已经直接落在普拍枋上，以附角斗对转角铺作进行了加强。从几座现存的辽代大殿也可以想象唐代时候巨型木结构建筑的风采。

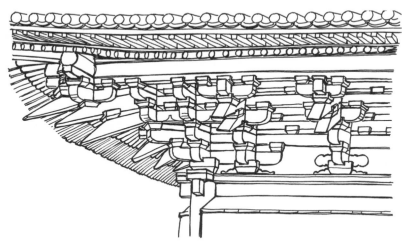

| 辽宁省义县奉国寺大雄殿辽代铺作

　　金代建筑的批竹昂已经较为少见，代之的是琴面昂的广泛使用，两种昂的变化在金代几乎是个分水岭，金代以后的古建筑中就极少能够再看到批竹昂的身影了。附角斗的使用和鸳鸯交手栱令转角铺作的刚性加强，整体结构更加稳固结实，也使得殿宇的转角处变得更加复杂华丽。在画金代建筑时要注意这方面的特点。

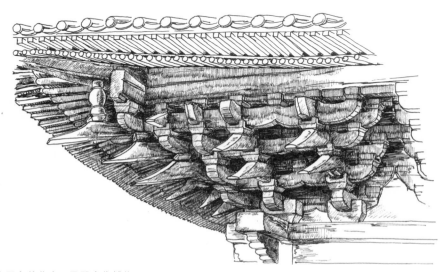

| 山西省大同市善化寺三圣殿金代铺作

　　这也是金代铺作的一例，位于晋东南太行山区，与前面的位于晋北的善化寺相距遥远，但结构上却颇为相似，时代特征明显。

| 山西省沁县郭村镇开村普照寺金代铺作

　　这是两组金代的补间铺作，这种产生于宋辽，成熟于金的斜栱构造也是金代的一大特色。这时候的斗栱体量在建筑中所占据的比例还是相当大的，是建筑构架里的重要组成部分，衍生出的大叉手之类结构是对斗栱的创新和发展。除了在结构上更复杂，视觉上也更加美观，强化了斗栱的装饰性。

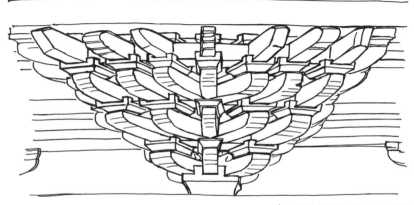

| 山西省大同市善化寺三圣殿金代补间铺作

山西省长子县丹朱镇下霍村灵贶王庙
补间铺作

　　金末元初经过惨烈的战争，人口数量锐减，这其中当然也包括大量的建筑工匠，导致宋金以来严谨工整的建筑风格在许多地区无法传承延续下来，也因此形成了元代建筑独特不羁的风格。

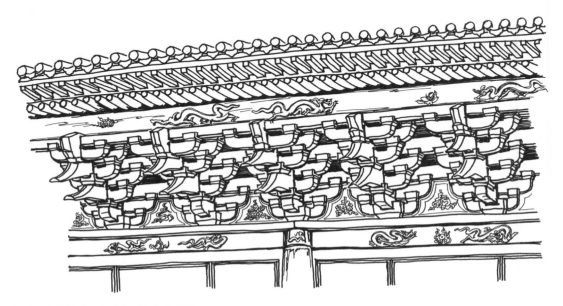

山西省芮城县古魏镇永乐宫无极之殿
元代铺作

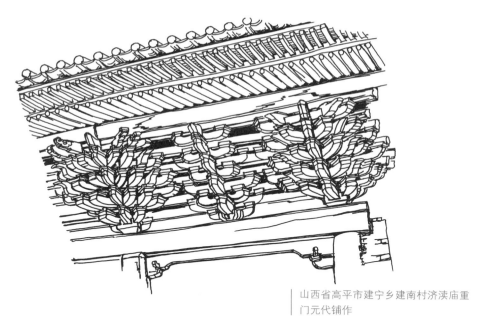

山西省高平市建宁乡建南村济渎庙重
门元代铺作

　　这一时期的斗栱相比金代倒也还算得上中规中矩，但用材和体量上已经出现了缩小的趋势，如果有出昂也都是千篇一律，变化不多。

　　这时候琴面昂的昂嘴常常被修成五边形，从原有的圆润感又分化出了棱角分明的块面感。

山西省高平市河西镇三嵕庙元代铺作
及额枋

山西南部地区元代建筑的一大特色是前檐常用一根极其粗硕且不甚规范的通檐额枋支撑，就如同把一株大树简单地砍去树根、削去树冠即架设到柱子上一样。而且开间宽窄不均匀，差异很大，斗栱也并不与柱头相对应，而是平均地排布在巨型额枋之上，这几乎成为晋南元代建筑的一种标志。

山西省泽州县大阳镇汤帝庙元代铺作及额枋

到了明代，官式的斗栱已经明显地更加规范和纤细起来，参与建筑结构受力的作用也越发弱化，在同一座建筑甚至若干座建筑里的斗栱都近乎单调划一、缺少生气。

民间斗栱受到的束缚小很多，作风依然承继了许多旧制，体量上也还算粗壮硬朗，造型更随心所欲一些。斗栱的体量逐渐缩小，但踩数更多了，构造也更为复杂了，开始倾向于强调木作的技巧，达到令人眼花缭乱的程度。

根据清雍正十二年（1734）工部刊行的《清工部工程做法则例》对明清以来建筑实例的总结，把原有的"铺作"改称为"科"，原来的"柱头铺作"改称"柱头科"，"补间铺作"改称"平身科"，"转角铺作"改称"角科"，宋代的一组斗栱称为"一朵"，明清时则称为"一攒"，"华栱"改称"翘"，"出跳"称为"出踩"，斗栱的"铺作数"改称"踩数"。因明清斗栱的出踩内外相等，再加上最下层标配的坐斗就是这攒斗栱的总踩数。这里也有一个小公式：翘和昂的数量×2＋1=踩数，比如前面的佛光寺双杪双下昂七铺作斗栱，在这里就变成了重翘重昂九踩斗栱。

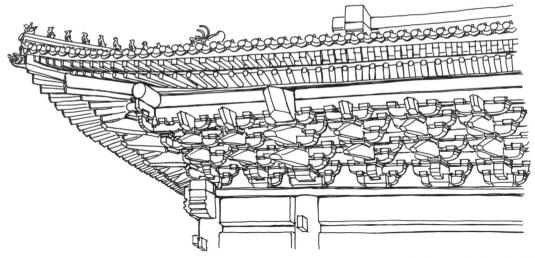

北京市太庙享殿明代斗栱

　　这座明代大殿的斗栱堪称密集和壮观，但用材依然不小，匠人似乎为了彰显高超的技艺，或是表达对玉帝的虔诚，特地将前檐的斗栱做得如此恢宏壮丽，为单翘五昂十三踩斗栱，是笔者多年来在古建筑殿宇上所见到的踩数最多的斗栱，当然在明代以前的建筑上更是从未见过。

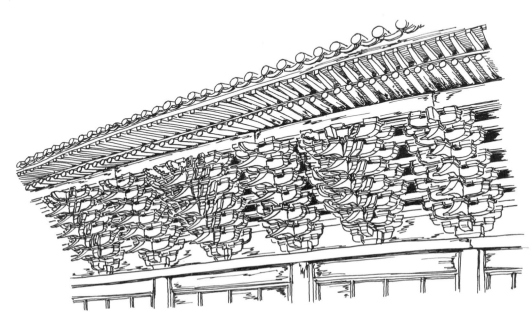

山西省长治县南宋乡玉皇观灵霄宝殿
明代斗栱

　　明代的昂也越发纤细修长，再也没有了唐宋的粗硕强劲之感，比如图中这座大殿虽有密集的昂，却明显装饰性多于承重功能，似乎更多地是在通过斗栱的华丽来彰显建筑本身的尊崇程度，木结构建筑的构造理念已经今非昔比了。明代的普拍枋（平板枋）开始逐渐变得很厚很宽，这也是一种时代特征。

山西省原平市崞阳镇文庙大成殿明代
斗栱

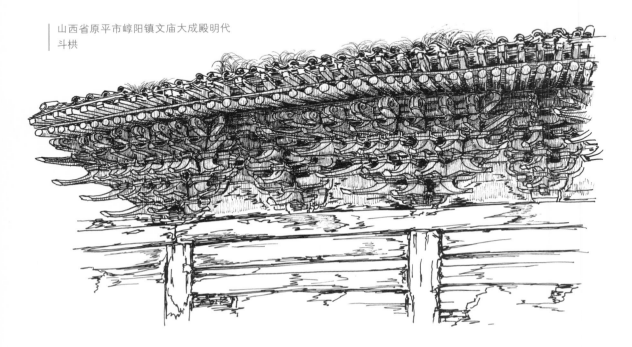

　　明代庙宇的角科斗栱做工在日趋复杂的同时，因为有仍然相当可观的体量，所以看起来还算是雄强有力，结构上越来越繁缛已经是个大趋势。

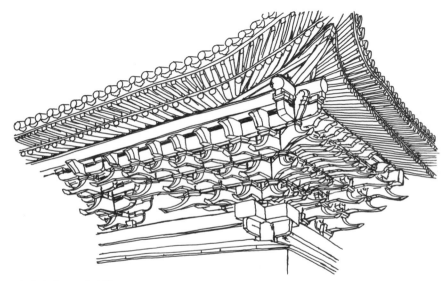

山西省夏县文庙大成殿明代斗栱

　　这是按照《清工部工程做法则例》上明清以来官式古建筑的构件名称所画的示意图，在这里可以对明清时期的斗栱结构有个概念性的认识，也可以与前边的宋代斗栱示意图相对照，其中的变化一目了然。

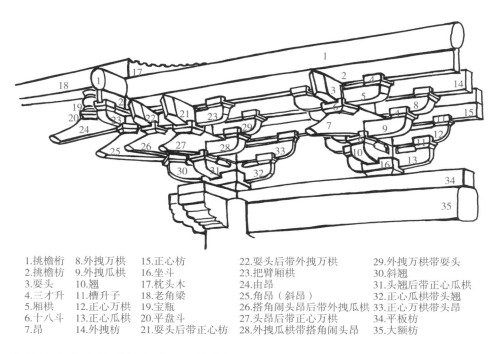

1.挑檐桁	8.外拽万栱	15.正心枋	22.耍头后带外拽万栱	29.外拽万栱带耍头
2.挑檐枋	9.外拽瓜栱	16.坐斗	23.把臂厢栱	30.斜翘
3.耍头	10.翘	17.枕头木	24.由昂	31.头翘后带正心瓜栱
4.三才升	11.槽升子	18.老角梁	25.角昂（斜昂）	32.正心瓜栱带头翘
5.厢栱	12.正心万栱	19.宝瓶	26.搭角闹头昂后带外拽瓜栱	33.正心万栱带头昂
6.十八斗	13.正心瓜栱	20.平盘斗	27.头昂后带正心万栱	34.平板枋
7.昂	14.外拽枋	21.耍头后带正心枋	28.外拽瓜栱带搭角闹头昂	35.大额枋

　　清代的官式建筑斗栱构造和明代差别不大，更加趋于细小和边缘化，基本不再担负建筑的承重，已经沦落成一种装饰性构件，甚至达到可有可无、符号化和变异化的地步。有些宫殿寺庙则干脆不设斗栱。

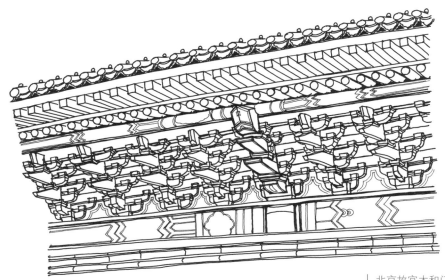

｜北京故宫太和门清代斗栱

| 北京市西城区妙应寺清代斗栱

    清代的民间庙宇殿堂也大体是这个趋势，在山西的一些地方，民间庙宇的斗栱则被作为装饰构件极尽创意和夸张地赋予新的造型，比如把斗栱做成花朵般的样子，耍头则雕刻成龙头、象头或狮头等形象，出昂也创意成大龙头吞吐小龙、象头等，象鼻卷曲昂也成了这一时期常见的昂式。尤其对于斗栱的加工达到了不厌其精、不厌其烦的程度，极尽雕琢，甚至有点密集恐惧了。

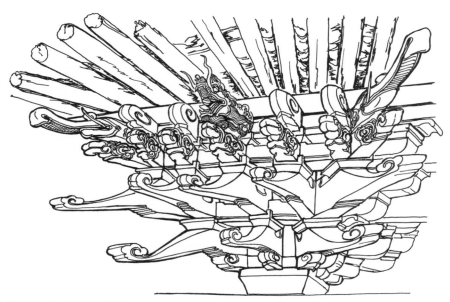

| 山西省介休市韩屯关帝庙清代斗栱

　　以晋东南的清代庙为例，这种花式的斗栱在同时期的古建筑中极其常见，从殿宇到戏台比比皆是，甚至石雕贞节牌坊上的仿木斗栱也是如此。

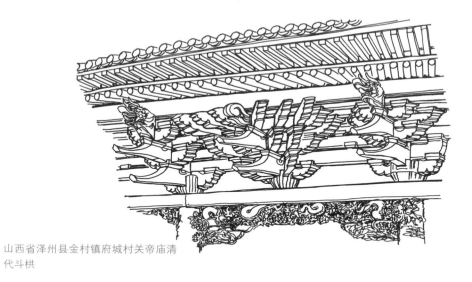

山西省泽州县金村镇府城村关帝庙清代斗栱

　　这是斗栱密集到极致的一个实例，真是达到了令人瞠目结舌、叹为观止的繁复程度。斗栱从参与建筑承重的力学构件到纯粹为了美观而存在的装饰构件，究竟是发展还是退化，就仁者见仁，智者见智了。

　　还有在清代的许多牌坊上，斗栱的设置更是达到了无以复加的密集和炫目，其所投入之精力和心血简直难以想象，但试想如果这座牌坊没有这些斗栱的装点，一定也会黯然失色吧。

山西省介休市五岳庙献殿的清代斗栱

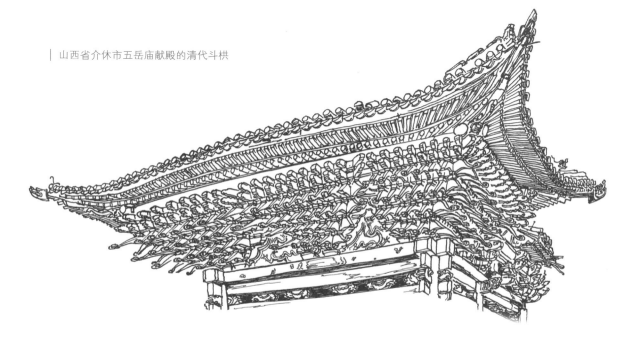

以上简单地列举了一些各朝代斗栱的特点，在绘画古建筑时除了要把想表达的建筑主体勾勒出来，作为重要组成部分的斗栱也一定要抓住时代特征。笔者认为，斗栱是古建筑上最美好的部分，之于古建筑本身就像在春天盛放的鲜花，增添了无穷的色彩和神韵。因为不同时代的斗栱在建筑上所占的比例和所呈现出的精神气质的差异，也成为使我们所画的建筑能够异彩纷呈、展现出独到神韵的重要一环，因此笔者常致力于将复杂精妙的斗栱结构在适当取舍、照顾整体感的前提下，尽可能地刻画细致，所画建筑则不需多施粉黛，就已经成功一半了。也就是说，中国古建筑之美，一半在于斗栱之美，这是笔者的深切体会。

| 山西省曲沃县四牌楼

山西省稷山县稷峰镇太杜村社稷庙清代牌坊

3.6 柱础

古建筑还有一种构件叫柱础，顾名思义就是柱子的基础。这一部分所占比例很小，但却是古建筑里很重要的一个组成部分。因为古建筑大部分是木结构的，因此木柱如果直接落地，日久则会受潮腐烂，直接危及整座建筑的安全，柱础则可起到垫起柱脚、隔离潮湿的作用，还能够承担和分散柱子对于地基的压力。最初的柱础仅是以鹅卵石进行铺垫，并不明显高出于地面，后来发展成为规范些的石板，并逐步高出地面，常见的有方形、圆形和多边形，周身雕刻以图案花式进行装点，是一个从简单到复杂、从实用化到艺术化的过程。

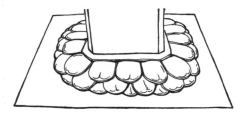

山西省泽州县南村镇冶底村岱庙北宋柱础

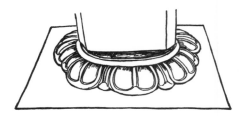

山西省沁水县嘉峰镇李庄二郎庙金代柱础

因为柱础多以石制，所以很久远的建筑虽已毁掉，一些柱础却仍能流传下来，在博物馆中静静地供后人凭吊和欣赏。不同时代的古人们都曾经对柱础精心雕琢，足以反映对这一构件的重视程度。从我们画古建筑的目的出发，在现存古建筑上所能见到的柱础则最早出现在唐宋。那时候最为常见的是覆莲式，也称莲瓣覆盆式，就是把柱础雕刻成倒扣的莲花状，此类造型流行了很久。因为这种柱础并不高出地面很多，在绘画时也基本不大醒目。

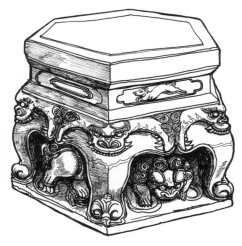

山西省泽州县周村镇坪上村汤帝庙清代柱础

山西省襄汾县汾城镇社稷庙清代柱础

山西省襄汾县新城镇丁村古民居清代柱础

山西省泽州县金村镇府城村关帝庙清代柱础

山西省泽州县金村镇府城村关帝庙清代石狮柱础

现在我们游览古建筑时所能见到的精美柱础多是明清以来遗留的，这其中充满了无限的美好创意，有的柱础被雕造成小桌子的造型，有方桌、圆桌或多边形的桌子，并有口衔绸带绣球的顽皮狮子在桌下穿行嬉戏，活灵活现、生动有趣；也有的将柱础雕刻成石鼓形、瓜形、花瓶形、须弥座形等，并将儒释道三教的传说故事和各类祥瑞纹样雕刻于其上；还有的干脆就把柱础雕造成狮子、大象的模样，以瑞兽来扛托柱子，所以柱础是令人赞叹的精美艺术品，这种精雕细琢的柱础在清代可谓达到了极致。

现在这些柱础也成了窃贼和文物贩子的生财之道，盗窃盗卖的状况愈演愈烈，我经常看到乡村中因被撬走柱础而倾颓的古建筑和民居，真是痛心疾首。

3.7　石狮和瑞兽

狮子并非我国原生，但至少在汉代就已经从西域传入中原。相传胡人为了不使这种奇货可居的猛兽在中原繁衍，只带来了满头鬃毛的雄狮，因此在古代中国人的印象中，狮子全都是长发飘飘的形象，以至于当狮子形象被演化为灵瑞神兽之后，无论雄雌都被塑造有长长的鬃毛。

狮子因其强悍威武的形象始终被视为可以驱除邪魔的瑞兽，也是自汉代起就迅速本土化，成为传统建筑和艺术领域里不可或缺的重要元素。狮子常常被成对地雕刻放置于宫殿、衙门、庙宇、宅邸和陵寝等地方，大多都是雄健威猛的震慑形象。即使到了今天，许多企业和机关、公园或公司，甚至居住平房的普通居民家门前也都会摆上一对石狮，这也是一种由来已久、延续千年的习俗。

山西省文水县凤城镇南徐村则天庙唐代石狮

山西省万荣县荣河镇庙前村后土祠元代石狮

山西省汾阳市杏花村镇上庙村太符观
明代铁狮

山西省运城市解州镇关帝庙明代石狮

山西省芮城县古魏镇永乐宫清代石狮

山西省泽州县金村镇府城村关帝庙清
代石狮

| 山西省太谷县无边寺清代琉璃狮子

早在南北朝时期，成对的狮子就被浮雕在佛祖的须弥座下守护，到了唐代，狮子中国化达到了一个高峰，那时候的狮子造型之大气健硕、气韵之生动、风格之硬朗堪称至今难以企及。现存的唐狮精品主要是陕西唐代帝王陵前的石像生。宋代以后狮子造型逐渐内敛和艺术化，一头鬃毛被创作成卷发，造型也趋向固定，多以蹲坐之姿为主。

到了明清时期，狮子的形象再次发生了一场巨大的变化，已经彻底成了一种本土化的符号，并模式化地确立了雄狮在左玩弄绣球、雌狮在右轻抚幼狮的标准配置。官式的狮子倒还有些威武神态，但宽阔的面部和一头卷发早已与作为猫科动物的真正狮子相去甚远，而民间的狮子造型则大多变得滑稽可爱，威仪无存，更像是受宠的哈巴狗。

狮子形象应用广泛，除了陈列于门前，还常用于柱头、栏板、柱础、照壁、脊兽等诸多地方，当然还有寺庙内文殊菩萨的坐骑也是一只凶悍的狮子。现存的狮子作品以石雕为多，因而能够传承千年。也有一些泥塑、琉璃烧制及金属铸造的狮子，比如著名的沧州铁狮子、北京故宫太和门前的青铜狮子和乾清门前的镏金铜狮子等。

| 北京故宫慈宁宫镏金铜麒麟

| 江苏省南京市栖霞区萧景墓石辟邪

　　还有一些金属铸造的瑞兽作品，数量不多，但也都是等级尊贵的精品，如北京故宫的铜麒麟、铜龙、凤、仙鹤之类。南朝宋齐梁陈的贵族陵寝前还有一种叫作辟邪的石雕瑞兽，其承袭了汉代以来的创造形式，延续使用直到南朝灭亡。

　　这些瑞兽虽非古建筑中必须的部分，却也算是比较常见的元素，堪称各具特色。若是用作古建筑画中的点缀，也是务求生动传神，能够为整幅画增色不少。若将狮子或瑞兽当成单独主体来描绘，则更应该强调姿势和神态，抓住其强健的躯体、凛凛的威仪、凶猛的动势或顽皮可爱的憨态。再者就是不同时代和地域的狮子瑞兽形象与装饰元素的差异也要注意，务求做到准确。

3.8 塑像

在中国古建筑中还有一类重要元素就是塑像,前面说了狮子和瑞兽之类,这里仅指人物的塑像,包括陵寝前的文臣武将石像生、石窟寺庙内的石雕、木雕、铸铁造像,其中数量最多也最重要的表现形式便是中国传统的彩塑。

毕竟皇家宫阙是少之又少,民间所能接触最多的高质量古建筑主要是寺庙,如果说民居是给世人所用的房屋,那么寺庙就是为神佛所建的居所。民居因为有人居住才变得鲜活生动,寺庙则因为供奉了神像佛祖才显得神圣庄严,否则不过是空荡荡的房子而已,丧失了许多神韵。所以寺庙中不能仅仅供奉神祇牌位,神佛形象需要具象化起来,在中国传统文化中最常见的便是把这些偶像以彩塑的形式呈现在信众面前。

中国古代的彩塑也是一种独步于世界的文化艺术形式,多以木料做骨架,以膏泥塑造形体,外部施以彩绘,俗称木胎泥塑。所谓神像,大体都是按照所处时代的人的形象和穿着来塑造的,既是彼时社会形象的一个客观反映和记录,也是那时社会艺术形式的一种遗存,相当重要。彩塑不同于雕像,后者是在固有的材料上雕凿而成,而彩塑是以泥逐渐堆砌而成,要点在于一个"塑"字上,因而可以增增减减,手法灵活便捷,也能够将主题塑造得更加生动灵活、细致入微。并且中国式彩塑也并非不重视人体比例关系和解剖学的结构关系,许多塑像的比例极为适当,反映了中国古代匠人高超的技艺。

但彩塑也相对脆弱,不易于保存,比如笔者就见过一些塑像受潮后逐渐化为泥土碎渣。当然还有人为的毁坏,如战乱和历次运动的冲击,哪怕时至今日还有无德之人会随意折断塑像肢体取乐,窃贼则会整尊或者斩首地盗取神像以牟利。曾经都塑有神仙或佛像的各地大小寺庙中,真正是历史上传承下来的文物级彩塑至今已经不足二、三成了。

现在我们所能见到的最早的彩塑遗存是一千多年前唐代的,著名者如敦煌莫高窟、五台山佛光寺和南禅寺的彩塑,已经是凤毛麟角了。以下宋元明清各代倒是都有彩塑佳作遗存下来,而且精品颇多,实在是为庙宇增色不少。这些彩塑与古建筑一样,周身都浸透着醇厚的古中国文化气息,是庙宇真正的主人,我们在绘画古建筑时,也值得多画一些彩塑,两者是密不可分的。

彩塑因宗教而生,所以其承载的文化也更多地偏重于宗教色彩,平时对儒释道各家文化多加学习,并对各朝代的服饰、用具的风格多加了解,对彩塑的体会才会更进一步。就好比我们看待古建筑一样,其表象当然就是房屋,但深入研究则会发现这是一种深厚的文化表达方式,是千年以来逐渐积淀而成的,绝不简单。其下包含的各种组成部分和装饰元素无不如此,不多学习和了解,无以感悟其中博大美好的真谛。

山西省灵石县静升镇苏溪村资寿寺明
代天王像

　　仔细描绘彩塑，也是与其时代的一种精神沟通。笔者个人体会，描绘彩塑不仅要注重其形，关键要传神。以寺庙中常见的神将天王来说，其身体的动势常常是其庄严勇武和对邪魔威慑作用的一种重要表达形式，比如这尊天王像怒目之中还透露有一种藐视，扶膝仗剑、足踏恶鬼，一派舍我其谁的气度。天王头戴的宝冠，身着的山文甲都是典型的明代式样，包括下边跪扶其足的女子身穿的也是明式的袄裙，这又涉及服饰研究的范畴，所以门道颇多。

　　在掌握了头身比例和四肢与躯体相对动态关系之后，尤其要注重天王的神态，表情如果刻画成功，天王的精气神就出来了，也能够从中感悟到当年的彩塑师所想表达的意思，形成一种心灵上的感应。

　　双林寺的彩塑质量高，数量也众多，堪称中国的万神之殿，是现存明代彩塑中的代表作。以这尊千手观音像为例，要掌握女性的柔美感，从圆润秀美的仪态到纤细修长的诸多手臂，都是这种气质的综合反映。还有就是衣饰和各种法器，也是传统元素的重要体现。

山西省平遥县中都乡桥头村双林寺明
代千手观音像

山西省平遥县中都乡桥头村双林寺明
代韦驮像

　　双林寺的韦驮像尤其著名，具有极高的写实度，完全是按照明代将军的装扮所塑造，全身的披挂甲胄可以使我们直观地看到彼时的武将面貌，但其之所以成为经典，主要还是在于韦驮的身姿和神态。这种宽厚稳重、不怒自威的形象，身躯侧立而上身向前扭转的动态瞬间被定格下来，动静结合的姿态和矫健魁伟的造型堪称现存众多庙宇中韦驮像的翘楚。要抓住身躯的动势和重心，有了准确的面部神情把握和身体姿势的掌控，这幅画就成功了，至于烦琐的铠甲战袍，倒是旁枝末节了。

山西省五台县阳白乡李家庄南禅寺唐代彩塑

　　五台县南禅寺的唐代彩塑虽然历代多有修补和重妆，但依稀仍能辨出简练大气的唐代韵味。端坐在狮背莲台上的文殊菩萨在胁侍菩萨们的陪伴下一同向殿宇中央的佛祖望去，这种多位菩萨像的组合构图也可以理解为人群。

　　对于人群的处理要主次分明、取舍得当，用线尽量简洁流畅，勿使画面显得拥堵混乱。表现塑像时要按照表现真人来对待，这是不令塑像有僵死感的很重要一环，力求让凝固的众菩萨有灵动的生气。

　　绘彩塑，实则绘古人也。

| 山西省五台山圆照寺清代天王像

　　清代的彩塑大体继承了明代的形式，但是在剃发易服之后，对于汉族传统服饰的认知从此被割裂，只能不断在旧有的元素上进行重复模仿，很难再有新的发展了。比如这一组彩塑同样是天王，清代的天王更加趋于模式化，周身装饰更加琐碎，这也是一种显著的时代特点。

第4章

古建筑写生的工具和
初步练习

画古建筑的工具可以多种多样、不拘一格。只要是用着顺手，就是好工具。若欲工其事，必先利其器，选择适合自己或者说效果能够令自己满意的画笔是很关键的。因为我们进行的是硬笔写生，通常可用的笔有普通钢笔、美工钢笔、中性笔、针管笔、马克笔、秀丽笔等，初学者也可选用铅笔。使用的墨水为碳素墨水或者各种专用墨水，可以长久保存而不褪色变质，所以圆珠笔一般不推荐。

纸张可供选择的种类也很丰富，除了速写本、练习本外还可以直接裁切素描纸、白卡纸、复印纸、水彩纸等尺寸不等且韧性较强的纸张，甚至是名片纸、牛皮纸等也都可作画，我曾在蛋糕盒的纸板背面也随手画过。因为使用硬笔，纸张最好厚实耐划，慎用薄而脆的纸。

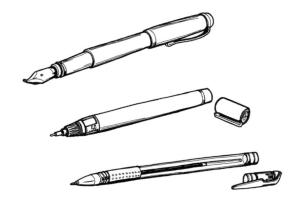

| 美工钢笔、针管笔、中性笔

在工具上既要做到适应并进而驾驭各种类型的笔墨纸张，也要在不厌其烦地锤炼中找到最适合自己的画笔。无论什么画种，都需要日积月累地训练，即曲不离口、笔不离手，有空就要练笔，所以画笔就是自己手臂的延伸，能够找到手笔合一、运用自如的感觉当是最佳。

如美工钢笔，我曾经反着用笔尖画细线，正着则可画出粗线和宽面的阴影效果，甚至侧锋还有嶙峋和飞白的效果，由于经常使用，原本有些锐利刮纸的笔尖都被磨得很圆滑，画出线来分外流畅。正反两面随意转换应用，一段时间里成为我出门写生的利器。美工钢笔有个不足就是在野外风沙灰尘大的地方，笔头会很快风干，出墨变得断断续续，不时打断绘画进程，既影响效率，又影响心情。

中性笔线条娟秀流畅，绘画效果也清新明快，在兴致正浓时可以任意挥洒，但因为线条粗细一致，过于均匀，显得有些缺少冲击力。

我个人喜欢并长期使用的就是粗细两支针管笔，基本可以按照自己的喜好随意描绘，很少出现断墨情况，画面效果也干净整齐，颇感顺手。

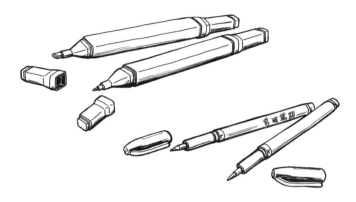

| 马克笔、秀丽笔

再就是马克笔和秀丽笔，我个人感受是前者与美工钢笔的一些效果类似，但显得更粗犷，生动灵活方面更胜一筹，尤其是表现块面时很有优势。秀丽笔分粗中细三种，笔尖落在纸上柔滑顺畅，较适合表现一些古朴沧桑的风格，比如古城墙的残垣断壁、斑驳的砖石古塔，画出来格外增添韵味。

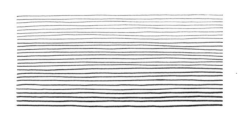

| 几种笔的线条对比

当然各种笔都可以尝试，一定能够找到最适合自己的那一种。

画古建筑和画别的建筑与景物并没有本质的不同，也只是一种写生对象而已，初学者可通过简单的线条来进行基础训练，然后可临摹一些范画，进而以照片为蓝本进行写生的初步感受，最后到实景中去进行现场写生，这是一个循序渐进的过程。

将纷繁复杂的古建筑精炼成简洁的线条，使其具有空间感、沧桑感、时空感和生命感，这就是线条的魅力。线条的练习对于绘画来说是最基础也最有效的扎根课程。因为表现对象的千差万别，我们用线时就要突显其质感，强调其特性，或轻柔细腻，或凌厉迅捷。比如庑殿顶和歇山顶的垂脊是圆润飘逸的曲线，也是突出这种建筑外观美好之处的点睛之笔，就要争取一笔到位，切忌犹豫停顿或者过于拘谨。斗栱之类的构件则要表现出其古拙苍老的质感，用笔就要沉稳凝重，肯定而有力。运笔亦如吟唱，要讲究轻重缓急、抑扬顿挫。俗话说"读书破万卷，下笔如有神"，我们对于线条的锤炼也需要这样。

在这里我要强调一点，我们无论练习线条还是以后进行古建筑写生绘画，都要首先放松心态，不要拘谨，这样我们的线条才能收放自如，洒脱自在，否则很可能就是一些僵直死板的硬线堆砌，不但会令画面生硬而缺乏灵性，也会使自己失去绘画的乐趣。

我们徒手而不借助尺子圆规之类的辅助工具当然永远不可能画出如工程制图般规范的作品，但这正是手绘画作与工程图纸之间的本质区别。绘画除了形似，更要追求神似，除了客观描摹，尤其贵在意境的蕴含和作者个人思考与感悟的展现，因此让自己的心灵在放松和愉快中指挥自己的手，以肩、肘和笔的关联结合，尽可能做到灵活洒脱，再加上耐心和苦练，最终的收获一定是丰厚的。

| 线条的练习

拿起笔，进行各种线条组合和排线的训练，是随时都可以做的事情。

| 传统纹样的曲线练习

　　这种训练可以增加手眼的协调性、手腕的灵活性以及对笔的掌控性，当然也可以加深对传统纹饰的熟悉。

| 各种游龙曲线的练习

　　这些古建筑中的细节和小品能锻炼我们对目标形状变换的把握能力，如这些龙纹，既洒脱流动，又脉络清晰，摹绘起来对于手眼协调性和造型能力是很好的训练。

　　将纷繁复杂的殿宇楼阁理解成简洁明快的几何形体，不失为一种很好的训练方式，在练习线条的同时，也能够加深对复杂对象的归纳和整体总结提炼的能力。

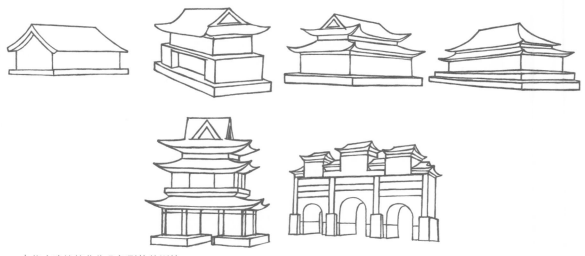

| 将古建筑简化为几何形体的训练

　　鸱吻、狮子之类瑞兽绘画训练的要点在于一个"怒"字，仔细看，绝大多数瑞兽都是怒目凝眉、咬牙切齿的凶狠模样，所以把它们这种恶狠狠的震慑之感抓住，气势也就出来了。

| 鸱吻、狮子类瑞兽的神态训练

　　彩塑是古寺庙的重要组成部分，甚至可以说是内在的灵魂所在，许多存世彩塑都是不同时代文化艺术的直观反映和文化传承的重要载体，或者可以理解为那个时代人民精神面貌的一种展现。画彩塑训练在造型准确之余也要着重体现其神韵，同时更要多分析了解不同时代的服饰特点，使作品不至于出现时代上的错误。

山西省襄汾县赵康镇史威村普净寺天
王像

山西省交城县玄中寺天王像

| 彩塑的随笔训练

| 山西省临猗县临晋镇文庙

| 山西省灵石县静升镇文庙

| 山西省繁峙县砂河镇天岩村岩山寺古松树

| 山西省原平市西镇乡前沙城村佛堂寺古楸树

| 山西省介休市绵山镇兴地村回銮寺

　　许多寺庙始建年代久远，无论后来建筑怎样兴废，当初同时种植的树木如果存留至今，就基本上与寺庙同龄。这些跨越时空的老树有的古拙遒劲，有的挺拔高耸，多呈现一种神秘、张扬与洒脱的美感，为古建筑群增色不少，有时甚至是整组建筑群的神韵所在和点睛之笔。因此对古树的写生训练也十分重要，可以说是营造古建筑群意境的重要元素。

山西省太原市晋源区王郭村明秀寺
古树的写生训练

　　寺庙中的一攒斗栱、一个经幢、丢弃的赑屃或鸱首、石狮，甚至须弥座下的小力士等物件都可以随手拿来练笔，不一定苛求准确，主要是强化对传统造型的熟悉及用笔和线条的感悟。

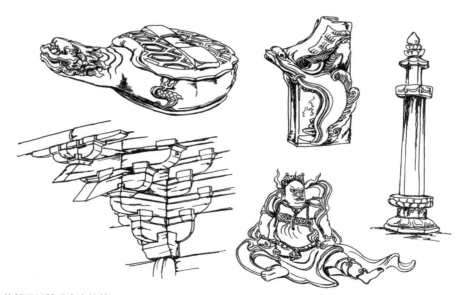

任何物件都可以随手拿来练笔

第5章

古建筑绘画的透视与构图

画任何建筑都离不开透视，所以在真正开始画古建筑前，务必要了解一些透视知识，也可以说，这是古建筑绘画的重要基础之一。

通常的规律是等大的物体，距离我们近的就显得大，远的则会显得小，等高物体也是近处的显得高，远处则似乎变低了，这就是由物体空间透视造成的视觉差异，当然是有规律可循的，所以正确掌握了透视规律，我们所描绘的古建筑才能是合情合理、合乎逻辑的。

简单地说，我们进行古建筑写生绘画经常能用到的建筑透视大体包含一点透视、两点透视、三点透视和散点透视等几种。

我们在进行一幅古建筑写生或创作前，首先要确定建筑的透视关系，这是画面的大关系和大构架，然后才能开始添砖加瓦，否则即使把建筑和细节画得非常精美华丽，最终也不过是白忙一场。

5.1　一点透视

把我们要描绘的建筑比作一个大正立方体，我们站在立方体的正面平视它，那么我们眼前这个立面的横边和立边是没有变化的，这时立方体纵深方向的延长线则会交汇在视平线的一点上，叫作消失点。这便是一点透视，也叫平行透视。

可以先设定一条横线作为视平线，任取线上一点为消失点，从这里向外延伸出的放射线就是我们所画建筑的进深透视线，能够较好地把空间推出去，表现出建筑或建筑群的深远感。

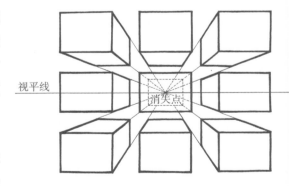

| 山西省侯马市上马乡上马村贾氏节孝坊

　　现实之中的情况要复杂许多，视角的设定并非仅限于这样中规中矩的正面平视，根据我们所处位置的高低或左右，视角也会有所不同，消失点的确定是整个画面构图的关键。

| 山西省交城县天宁镇东关村丁家祠堂

视平线　　　　　　　　　　　　　　　　　　　　　消失点

| 山西省洪洞县广胜寺镇广胜下寺后大殿

这种透视在表现诸如街道的纵深感和建筑群的空间感上有较好的效果，强烈的透视也能够增添画面的视觉冲击力，给建筑塑造出更打动人的气质。但正面的平视如果处理不当就可能会使画面显得呆板，令建筑物缺乏生气，因此在设定消失点时，当遇到绝对中分或对称的画面构图时需要慎重。

5.2　两点透视

这次我们选择平视立方体的一个立边，其立边仍然是垂直的，左右两个立面的延长线则会分别与视平线交汇形成两个消失点，这就是两点透视。

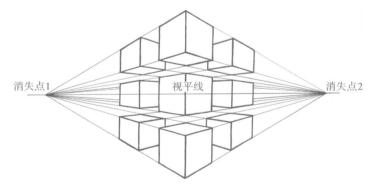

消失点1　　　　　　视平线　　　　　　消失点2

这种透视更符合我们平时的视觉习惯，使建筑外形的立体感更强，更有助于突出建筑的体量感、纵深感和气势。

| 山西省芮城县古魏镇龙泉村广仁王庙

消失点1　　　　　　　　　　　　　　视平线　　　　　　　　　　　　消失点2

　　应当注意的是建筑两个立面的展现应避免过于平均，即应该有主次之分，这样才能突出重点，避免画面显得僵化、单调。在画室内陈设时，这种透视也是常用的，可令视角更宽，表现更为灵活多变。

　　透视也并非机械和僵化的条条框框，只是可遵循的一种客观规律，使得我们对古建筑的描摹更真实合理，实践中还是要灵活运用。比如现实中的建筑物不可能真的只是平直的立方体，会有各种不同的立面转折和曲线变化，也不可能真的在写生过程中去计算众多的透视线，所以在整体透视关系正确的情况下，许多地方就需要凭经验来处理。因此需要我们平时多观察和练习，把透视理论和实际结合好，才能在使用时真正做到得心应手。

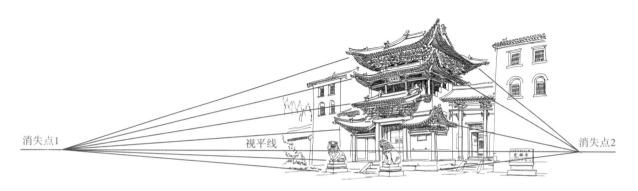

山西省高平市米山镇定林寺

5.3 三点透视

当我们仍然站在立方体的一个立边前，假设眼前的立方体高于我们许多，需要仰视，则立边在画面中便不再是垂直的，立方体立边的延长线将会在空中的一点交汇，这个消失点也被叫作天点，加上左右两个立面在视平线上的消失点，就形成了三个点，因此称为三点透视。

同理，如果我们所在位置高，对立方体呈俯视角度，立边的延长线就会向下延伸并交汇于一点，这个消失点也被叫作地点。

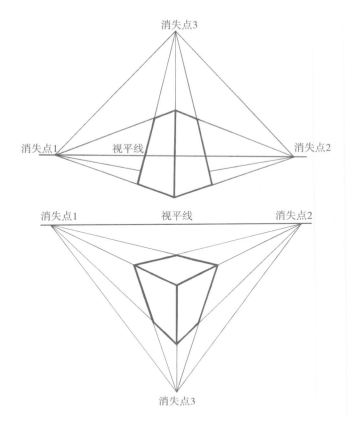

| 山西省夏县司马温公祠碑楼

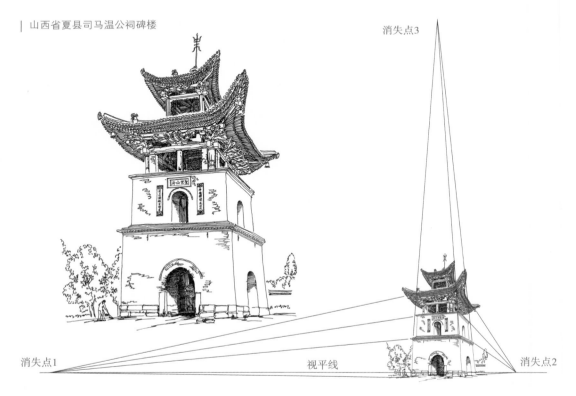

　　山西省芮城县寿圣寺塔是一座特别高峻的宋代砖塔，已经有近千年历史，坐在塔下仰视，以三点透视的方式来表现，更加突出了宝塔直刺青天的挺拔之感。

　　这种透视在画高峻建筑物的时候，更能突出其雄伟气势，比如古建筑里的宝塔或楼阁。如果画巍峨的巨大殿宇，使用仰视角度，也会有助于突显建筑的磅礴之气。处理画面中高耸的主体与周围建筑物之间关系的时候，也需要把握三点透视。

| 山西省芮城县城关镇巷口村寿圣寺塔

5.4 散点透视

在画建筑时我们经常要立足于一个视点来把握透视关系，把所见的景物都按部就班地装进一个框架内进行规范处理，虽然符合规律，却难免束缚手脚。绘画既是对客观事物的真实反映，也是一种艺术加工和再创作的过程，既要把握透视，也不能僵化和拘泥。

在中国传统绘画中有一种移动观察组织画面的方法，将各种透视综合运用在一起，被称作散点透视。绘画者不断变换观察点，把本来在一处视野内无法全部看到或者无法延伸表现的景象有机地组织在一起，形成了看似超越常规却又合乎情理的画面。

这种透视实则是把大场景的复杂对象进行归纳梳理，把不同的透视点融于同一幅画中的涵盖之法，也可以人为将视野内通过一组透视无法表达的对象进行主观移位安排，适宜用于大场景的描绘，创作尺幅较长的画卷，最著名者当属北宋张择端所绘的《清明上河图》。

这种透视的使用最考验我们对复杂场面的掌控能力和对画面的归纳能力，使观察力以及对各种透视的应用能力得到综合锻炼。

| 山西省阳城县北留镇皇城相府

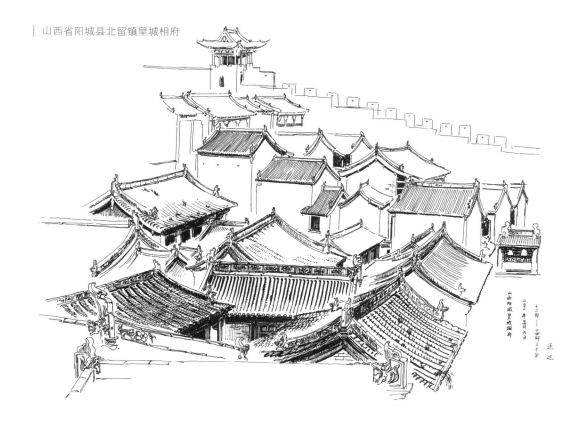

山西阳城皇城相府

十三时——申时三十分
二〇一一年五月六日
迟远

| 山西省永济市中条山栖岩寺塔林全景

山西省永济市栖阳镇下寺村东南
中条山栖岩寺，创于北周时代千佛庵
延续至清，今寺已不存，只有僧林
鸠丘，各代高僧墓塔可见唐林
四十座，漫理着历来未知已。

美术教授 迟远

5.5 构图

构图是完成一幅绘画作品的重要基础，如同万丈高楼的起步阶段，没有适当的构思与设计，无论绘画技法怎样出众，也很难保证作品经得起推敲。

那么当我们要进行一幅古建筑画的创作时，究竟该怎样开始呢？

首先选取一座或者一组适当的建筑作为表现目标，然后找到能够打动自己的切入点并围绕着突出主体的原则进行画面布局设计，换而言之，就是我们要先发现美，再尝试用自己的画笔来表现美。将复杂的环境设想为一幅天然的画卷，我们所要表达和得到的只是其中的一个局部，这就是取景。

取景的关键是抓住重点和精华，时刻把握所想要表达的主题。

汾城镇城隍庙建筑群充满了古朴的韵味，各个角度都值得入画，但我的画纸尺幅有限，难把美景尽数揽入其中，所以就得有所取舍，于是我选取了最感兴趣的院子最前端造型复杂、斗栱精美的戏台作为表现对象。确定表现主体之后，则以之为核心，将周遭起烘托作用的景物建筑选择性地纳入视野，这就是这幅画的基本素材了。

| 山西省襄汾县汾城镇城隍庙戏台

　　如果画单体建筑，则需要选取一个合适的角度，诸如以突出气势或者彰显华丽为目的，使殿宇尽量显得气宇轩昂、飞檐飘逸。如果画一组建筑群，通常就要着重突显主殿或者正房。许多寺庙中，主殿常常在配殿或厢房的簇拥下，犹如众星捧月一般，其自身的体量大多因为级别尊贵，也格外高大于其他殿宇，因此构图也自然是常以主殿为核心来表现。

| 山西省泽州县北义城镇西黄石村玉皇庙

　　当然如果将足够华丽或有特点的附属建筑放在画面近前来描绘，主殿作为推进纵深层次的背景进行陪衬则更显新意，所以说古建筑绘画的主体选择可灵活多变，也不必拘泥于固有常规。

　　下面这幅画中的建筑群里，无论是建筑造型的美观程度，还是斗栱的华丽程度，都是以庭院正中央的献亭最为突出，于是在取景构图时，就选择了以献亭为中心进行表现，正殿和配殿居于次要位置，并且起到了延展院子空间的效果，于是献亭得到了更加精细的描绘表现，而正殿和配殿则采取简练概括的手法。

　　需强调一点，我们所说的取景最该优先注重的原则是美感，只有我们自己先从描绘对象中感受到了美，才能进而将美表达和传递出去，这也是我们自身艺术修养和审美趣味的一种反映。

| 山西省灵石县马和乡马和村晋祠庙

山西省灵石县马和乡晋祠庙
二〇一六年九月七日下午十六时四十分—十七时
连达

　　但现实目标通常不会是完美无瑕的，这就要靠绘画者自身来取舍和重组了。一是将现实环境中纷繁的干扰和不协调的因素主观舍弃，比如杂乱的电线、遮挡建筑的树木、旁边突兀的楼宇、丑陋的临建等。再者要注意有机的取舍，甚至为了突出主体可以将一些东西主观地进行调配重组，使画面的主题更加鲜明突出。但也需注意和周边事物协调统一，不使其显得过于突兀而破坏画作的整体感，这也是艺术要高于生活的一个方面。对于事物的整理组织能力也体现了作者的绘画经验和掌控全局的水平，从而创作出尽量优质的画作，达到展现作品意境和作者心中思想的效果。

　　芮城县城隍庙的正殿旁陈列了众多的历代碑刻和石雕，簇拥着正殿的斗栱飞檐，古意十足。但在墙下局部范围内造型雷同的石刻太多，显得有些单调，殿宇也遭到了浓密树木的遮挡。这就要靠主观将众多石刻里造型有代表性的一部分选择出来，在画面中重新进行组合，并把被树木遮挡的殿宇补全。

| 山西省芮城县城隍庙

选取了适当的景物，再来说一下通常所涉及的构图形式，大体有如下几种：

1. 水平式构图

这种构图是指将建筑在画面里水平展开，描绘宽大的古建筑正面时，多会选用此种构图。但这样的感觉虽然开阔，却也容易使主体建筑显得平淡死板，缺少一种气势，所以在透视和景物配比的设计上尤其值得思索。

| 山西省夏县文庙

| 北京市德胜门箭楼

2. 垂直式构图

在我们所遇到的古建筑题材中，巍峨高耸的楼阁或宝塔等通常都会选择垂直式构图来表现，这样比例更适当，又可以显得主体更突出而挺拔，充满了强烈的张力，也使画面空间得到更多释放，便于更详尽地刻画高大建筑的细节。如果表现漫长的街道或幽深的小巷，则更能突出画面的纵深感。

| 山西省襄汾县汾城镇西中黄村春秋楼　　　| 山西省阳城县北留镇郭峪村古民居

3. 九宫格构图

　　九宫格构图是将画面设成九个相等的矩形，即以"井"字格来分割画面，绘画主体以位于中部四个交叉点附近为佳。这种方式也符合"黄金分割定律"，使画面主体自然成为视觉的中心而更加突出。

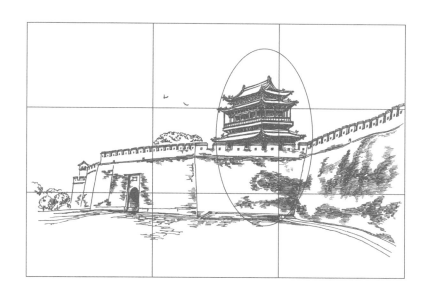

山西省平遥古城南门城楼

山西省襄汾县汾城镇鼓楼

4. 三角形构图

三角形最为稳定，用在绘画构图上也给人以这样的感受，是在画古建筑时常用的一种构图方式。比如主体建筑在画面中占据了突出位置，周围的陪衬建筑或物体在呼应的时候与主体形成一种不规则的三角形排布，应用得当，则会使作品更显沉稳庄重。这种方式构成的三角形可高可低，不必严格苛求规范，全凭绘画者的灵感和经验随心所欲地处理。把握好透视关系，会更增强画面的纵深效果。

山西省平遥县洪善镇冀郭村慈相寺

山西省高平市米山镇河东村甘露庵 北配殿外景
二〇一〇年六月三日上午九时十分——十二时十五分 连达

山西省高平市米山镇河东村甘露庵

5. 饱满式构图

这是一种需要用心把握的构图形式，与常见的构图原理不同，强调用丰富的内容将画面填满，又不能显得过于沉闷和拥挤，常用于表现相对局部的题材。

这时候画面的疏密掌控尤为关键，对少量留白的恰当安排格外重要。处置得当则画面显得饱满而华丽、丰富而有秩序，这也是此种构图所追求的一种效果。

| 山西省侯马市董氏砖雕墓室

山西省洪洞县广胜寺镇广胜上寺地藏殿阎君像

6. 均衡式构图

所谓的均衡并非是事实上的绝对平均，主要是追求视觉上的一种平衡感，被表现的建筑主体不一定非要放在正中位置，作为陪衬的建筑或事物相应的可以与之松散地呈或者上下、或者左右的排布，使作品呈现一种多样化的平衡状态。

| 山西省河津市樊村镇玄帝庙

| 山西省襄汾县汾城镇城隍庙

构图方式并非一成不变的死规矩，而是绘画者经验的积累和归纳。现实中的情况千差万别，随时都会遇到新的题材，也随时都有可能发现更合适自己题材的构图方式。因此可以针对不同情况灵活地选取或综合使用已知的构图原理，切忌生搬硬套、墨守成规。

理论联系实际，在实践中总结经验是寻求进步和提高的唯一捷径。

了解完透视和构图的知识后，我们可以开始尝试动笔进行古建筑绘画的实践了。

5.6　一些古建筑写生中所能遇到的问题

沉浸在古朴美好的古建筑环境中，常让人有心旷神怡之感，因此会有一种想把所见的诸多景象都画下来的冲动，但这显然是不行的，所以对绘画主体的确认和取舍是很重要的，要敢于舍弃，才能更好地得到。要善于归纳和概括，将实际环境中纷繁的事物梳理顺畅，使之为画面主体服务。即使陪衬建筑或景物再精彩，如果喧宾夺主影响到了画面的整体感和协调关系，也要大胆地舍弃。

这里要指出一点，初学者常常画了一部分之后，怎么看画面都感到诸多不满，于是半途而废，重新另起一张。我个人觉得只要在构思取景和构图布局阶段有了缜密的思考和规划，还是要力争继续画下去，尽可能将其完成。这是一个很重要的打基础阶段，太过随意则既容易使我们失去兴趣和信心，也可能总会停留在一个初级阶段的层面，弱化了掌控画面的能力以及对不同事物描绘处理的摸索。因此在不出大错误的情况下，坚持把作品完成，体会从起稿到成品的全过程至关重要。

| 北京市智化寺智化殿

　　在绘画过程中要始终照顾画面的全局和各对象之间的相互关系，切不可过早陷入对局部的过度刻画之中，否则很容易造成某一处特别突兀，反倒与整个画面变得不协调甚至割裂。绘画过程是一个不断构思与调整的过程，不可能一蹴而就，画中各部分关系的梳理是个贯穿作品始终的工作，要耐得住寂寞、稳得下心神、经得起失败。

　　经常有人问我，用不可修改的钢笔、针管笔来画，万一画错了怎么办？其实是不可能绝对不画错的，所以要集中注意力，始终关注局部与整体的关系、建筑结构之间的关系和整个画面的透视关系等，每下一笔都要稳健而不随意。如果有败笔，在不影响画面继续的情况下，可以想办法来掩饰，使之逐渐融合进画面里，最后达到根本看不出来有败笔、错笔的程度。但如果是涉及建筑比例、开间、弧度、层高之类的大问题，下笔则要慎之又慎，一旦失误就很麻烦了。

山西省汾阳市南薰楼
二○一八年四月十五日 中午十一时始一下午十四点五十分
连达

第6章

古建筑画法步骤解析

　　说到画古建筑，通常最令初学者感觉难以把握的是斗栱部分的描绘，常常让人有无从下手之感，下面就简单介绍几种斗栱的绘画步骤，这也是在画许多古建筑时的必经之路。

6.1　一组斗栱的示例

　　以山西省太谷县白城镇白城村光化寺正殿的柱头斗栱为例，试着先用铅笔把檐下依次向内排布的几根枋木的相对关系找好，再将承托每一根枋木并与之平行的斗栱在下面相应位置画出来，而耍头、昂和华栱正好与这些横向的枋木与斗栱呈垂直排列关系。

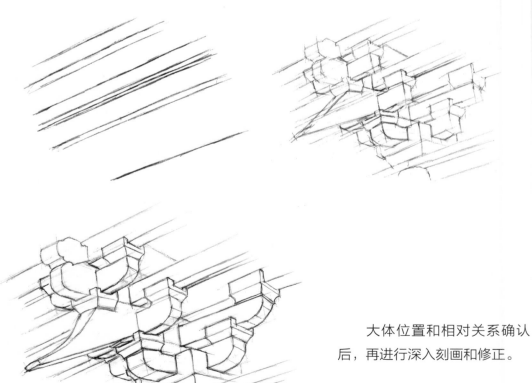

大体位置和相对关系确认后，再进行深入刻画和修正。

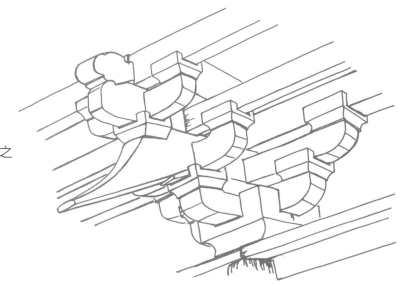

在确定最终造型之
后，用墨笔将线描出。

6.2 多组斗栱的示例

再来说一下多组斗栱同时表现的情况，当然这也是最常见的情况。

以山西省芮城县古魏镇永乐宫无极之殿的斗栱为例，这是单杪双下昂六铺作的斗
栱，每朵斗栱的总体形态像是倒置的梯形，或一个大的盛米斗，不但要把每朵斗栱的结
构关系理清，还要照顾到这一排斗栱之间的呼应关系，自上而下逐渐内收，自外向内也
是如此，以铅笔谨慎列出各枋与栱的平行位置。

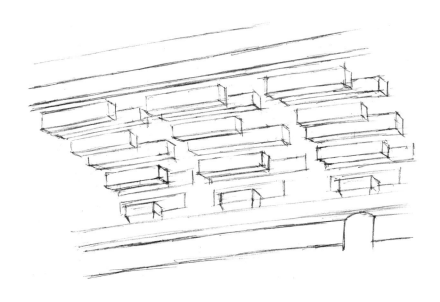

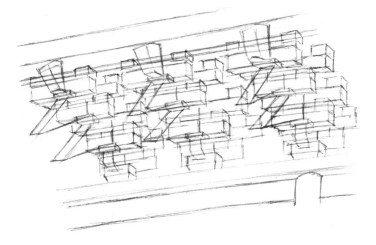

再将与横向枋和栱相垂直的耍头、昂、华栱之类构件的大体位置确定出来，在各栱尽头和交接处加上散斗、交互斗等。

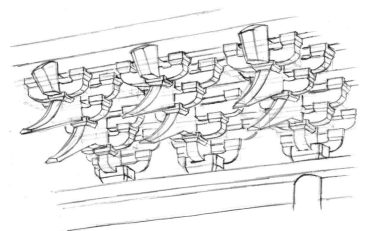

深入刻画斗栱的细节，尤其要注意昂的曲面变化，把握其韵律感。

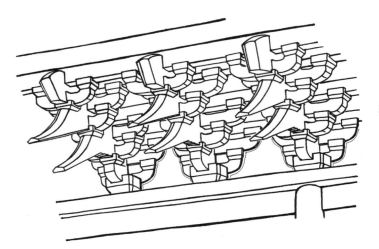

确认造型后，最终用墨笔描出。

6.3　转角斗栱的示例

以山西省高平市陈区镇王村开化寺大雄宝殿的宋代转角铺作为例，介绍一下看起来较为复杂的殿宇转角位置斗栱的画法。其实无论看起来多么眼花缭乱的斗栱，都绝对是按规律进行穿插排布的，因此要理解其结构规律，也就等于把复杂问题简单化了。

还是按照从上至下、由外向内的排列顺序，先把最外的撩檐槫、替木、令栱和内层的罗汉枋、慢栱、瓜子栱以及最里边的隐刻慢拱、泥道栱、栌斗与最下边的普拍枋的平行顺序理清，简单地用铅笔勾勒出大体的位置，左边空白处预留出角昂的空间（请参看前面的宋代斗栱示意图）。

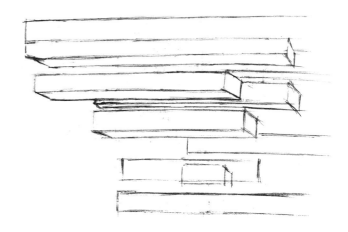

接下来把各处节点上的散斗和交互斗位置先大体画出来，再把与这些水平斗栱呈垂直方向交叉的昂、华栱、普拍枋等也大致勾勒出来。

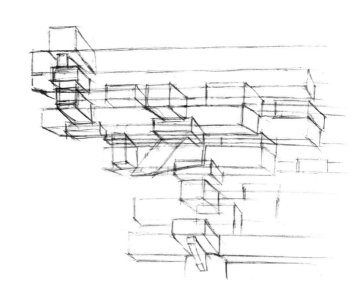

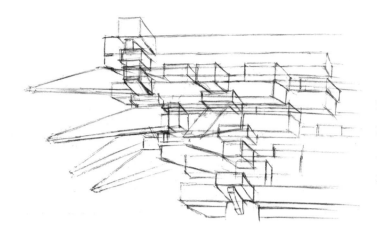

在左边预留的位置画出斜插的由昂、角昂和斜栱，这组构件与十字交叉的斗栱呈45°角。角昂下面露出的是这组斗栱侧面的两个昂。

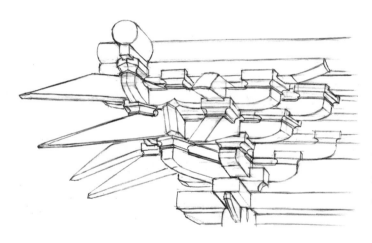

各处构件都已经确定了位置，即开始进一步把造型精确画出来。宋代的斗形如杯盏，下部呈弧形向内凹，批竹昂平直修长，一些栱身是抹斜的，此类特点要把握住。

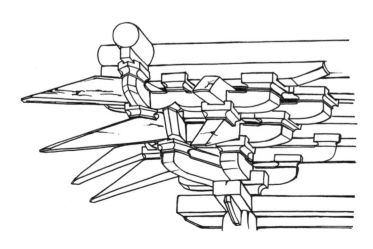

用墨线把最终的样子勾勒好，一组转角斗栱就完成了。

对于初学者来讲，想学习画古建筑可以先从结构简单一些的单体小殿宇入手，以便尽快掌握其中的规律。

6.4　小型殿宇的示例

以山西省平顺县石城镇源头村龙门寺北宋时期所建的大雄宝殿为例。这是一座面阔和进深均为三间的单檐歇山顶建筑，不要看到它高挑的飞檐和伶俐的批竹昂就感觉无从下手，实际上可以把建筑复杂的外观分解简化。

如下图所示，可以将这座殿看成是殿顶部分、斗栱部分和殿身部分的组合，在构思时就进行模块化归纳，这样就可以分区划片地来逐层解决问题。

在画建筑的时候，首先要确定建筑在画面上的构图和透视关系。可以用铅笔打出轮廓，比如这座殿宇前实际上有树木遮挡，就要主观地进行取舍，把建筑完整地展现出来。

1.殿顶部分
2.斗栱部分
3.殿身部分

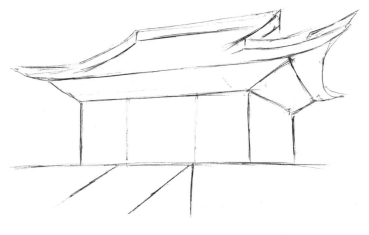

我们选取的这个角度略偏一侧，应用两点透视，可看到建筑的两个立面，首先把殿宇归纳为简单的几何形体。

在轮廓中规划局部，比如确定殿顶上鸱吻的大致轮廓，分隔出屋檐下几组斗栱的范围、墙面上的门窗以及门前的踏跺。

进一步细化，先将前檐下的斗栱画出。注意在屋檐与斗栱部分之间留出一段空白位置，这是给勾画瓦当、飞椽、檐椽预留的位置。

继续深入，把侧面屋檐下的斗栱和殿顶的鸱吻、脊刹、垂兽、戗兽和檐角神将等都基本勾画出来。

将殿宇周遭的陪衬景物，如配殿一角、经幢、石碑和背景的远山等都画出来，这是对环境的衬托和对氛围的营造。

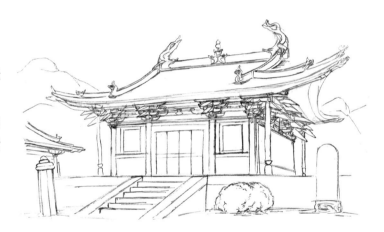

用针管笔进行准确的刻画，先将最上层的殿顶绘出，按照近大远小的视觉关系勾勒出瓦当部分。

　　这一步画出檐下的飞椽和檐椽。通常飞椽为方形、檐椽为圆形。当然凡事没有绝对，许多古建筑檐下的这一部分都很相似，因此更要留心区分其特点，注意其透视关系。

　　将檐下的斗栱部分明确画出，把握批竹昂的结构特点和与枋柱的对应关系。

画出两侧的屋檐，强调殿宇的纵深感，把檐柱、墙面、直棂窗和隔扇门都画好。

把殿宇周围的陪衬景物都画出来，注意形态的塑造和质感的区分。

　　最后进行全面整理，刻画各部分细节，以增强空间感，强调材料的质感，并最终完成作品。

6.5 大型殿宇的示例

以山西省五台县豆村镇佛光寺的唐代遗构东大殿为例。这是一座面阔七间、进深四间、单檐庑殿顶的大型殿宇，也是中国现存最早的大型殿宇，其结构极具代表性。

因为这座大殿修建在前后狭窄的高台上，前面还有两株参天古松遮挡，所以视野很受限制，于是笔者采取了从东南角仰望的视角来进行构图。在这个角度虽然看不见殿顶的装饰，但却可以更淋漓尽致地描绘檐下雄壮的铺作层，体现大殿的建筑特色，所以是个不错的选择。

这幅画可遵循三点透视规律，由于距离大殿很近，视野中殿宇高高扬起的檐角具有很强的视觉冲击力。仰视角度使原本有侧角的角柱向天空中的透视很明显。先以铅笔勾勒出殿宇的大致几何轮廓。

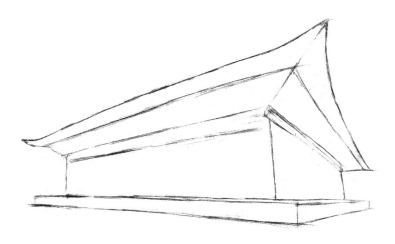

按近大远小的规律把殿宇正面的七开间分割出来，这就是檐柱的位置，然后就可在柱头上标出每一朵斗栱的大致轮廓了。确定了柱头铺作，中间的补间铺作也自然就可确定了，并在正面明间（中心间）檐下预留出匾额的位置。

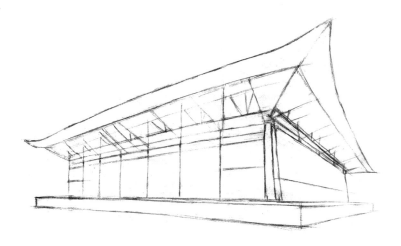

大殿的斗栱是双杪双下昂七铺作。先从距离我们最近的柱头、补间和转角铺作着手，厘清层层出跳的关系，把这三组斗栱先基本刻画出来，以作为其他斗栱的参照。

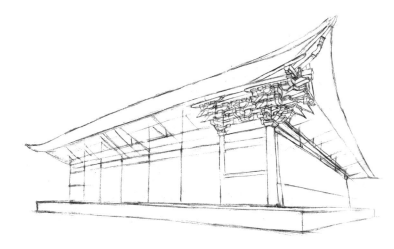

右图为斗栱部分局部放大图

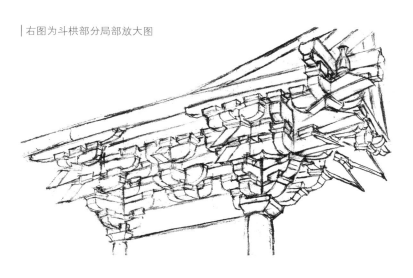

接下来继续把向左和向右的两排斗栱依次画出，把匾额外轮廓也大致画好。注意控制斗栱的远近透视关系和详略取舍。

　　将殿前的踏跺和众多石碑、大缸、铁钟等陈设以及五组打开的门扇都画出来，铅笔稿部分基本告一段落。

　　用针管笔把屋檐的瓦和椽子在预留的空白处画出来，注意把握透视关系和椽子的排列规律。

随后画铺作层，注意控制批竹昂的造型，以及填补预留在撩檐槫和罗汉枋之间空白处的遮椽板。

接着画出其余部分，将直棂窗、铁钟、台基的条石等细节进一步精细刻画，在正门前画一个人物以对比殿宇的体量。

　　把通过打开的殿门向内所能见到的局部景象进行概括描绘，并在门内和檐下适当的地方加些阴影以强调层次，最后把大殿周围的植物点缀上以烘托环境氛围，作品即完成。

6.6 古街道的示例

以山西省平遥县南大街上的市楼为例。这是一处著名的标志性古建筑，堪称古城内的核心。这座三重檐两层歇山顶的过街楼跨建在街道中央，两边是古香古色的旧时商铺，基本保留着明清时期街道的原有格局。

我们来尝试描绘这条古街。

按照一点透视原理确定这条街尽头处的消失点，用铅笔勾勒出街边店铺和市楼的大致轮廓。

细化街道和市楼的细节，比如楼上的斗栱、店铺的门窗、路上的行人等。注意给路旁店铺屋檐下的灯笼预留位置。

　　用针管笔对市楼上部进行具体描绘，注意斗栱的细节和二层回廊空间的处理，将廊柱和门窗的层次分开，否则容易让人感觉是在一个层面上。

　　市楼下层暂缓画出，接着画右边店铺，把屋檐、灯笼、隔扇门一一画出。

　　将左边店铺的屋檐、灯笼、隔扇门、门前的小摊位等画出。

　　把市楼的下部画出，注意与街道两旁房屋的衔接部位要妥善处理，切忌出现粘在一起的效果。楼下可见的远处街边建筑是强化街道纵深感的重要因素，应注意简化归纳处理。

　　最后对画面中各部分的细节进行刻画，诸如市楼顶上的铁刹、吉祥双喜字图案、匾额楹联的内容、店铺隔扇门的格子等，适当加一些阴影以强化空间层次，作品即完成。

山西省平遥县市楼

6.7 楼阁建筑的示例之一

山西省万荣县解店镇东岳庙飞云楼是现存造型最为复杂和精美的单体木结构楼阁之一，是明清时期楼阁艺术的集大成者，将中国古建筑的营造之美发挥到了极致，堪称此类古建筑的代表作。下面就以飞云楼为例来学习一下怎样画那些美轮美奂、华丽炫目的古典楼阁。

不要被飞云楼那些迭起的飞檐看花了眼，先寻找其中的规律。还是老办法，把复杂的造型简化成若干模块进行梳理。

如图所示，飞云楼主体的平面实际上是方形的，包括最上边的十字歇山顶，从上到下共分四层檐，图中以1、2、3、4的数字进行了标示。在楼中间两层每层的正中位置都突出一个歇山顶抱厦，即a、b、c、d四部分。这样我们在绘制整座楼的轮廓时，把握住一座四重檐方形楼阁的前提即可，再将各层突出的抱厦加进去，从而避免陷入构图时苦苦纠缠于各层曲折轮廓的窠臼。

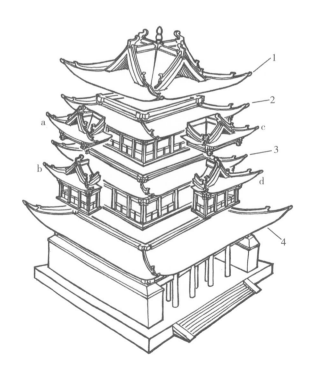

根据上边的模块化解析，用铅笔先把飞云楼的大致轮廓勾勒出来。视点在楼下，处于仰视的角度，也是三点透视的原理。

　　根据各面的开间数把柱子明确出来，切记随时注意各层之间柱子的相互呼应关系，不要画错位。把柱头上交叉的平板枋和与之对应的角梁下的挑檐桁确定出来，为接下来布设斗栱做准备。

　　明清时期的斗栱尺寸相对变小，这是个时代特征。对照我们已经确认的柱头位置把比例适当的斗栱画上去，然后再加上补间的斗栱。注意各层斗栱因所处高度不同而呈现的不同角度。

　　用针管笔把最顶层的十字歇山顶和瓦当、椽子、飞子都画出来。

　　跳过顶层檐下的斗栱，开始画第二层的屋檐。之所以这么做是为了防止画上层斗栱时如果控制不好，挤占了下边屋檐的位置，最后会形成两部分黏合在一起的结果。实际上两部分之间应适当留出缝隙以区分层次。当然这一步可根据个人的习惯来处理。

　　这一步添上两层屋檐间的斗栱层，不要忽略了抱厦顶上有露出鸱吻的局部。

　　继续向下推进，完成第二层檐下的椽子和斗栱层，并开始着手画廊柱。注意这一层的两个抱厦檐角下所出的垂柱与后面柱子之间的层次关系。

　　还是先把第三重檐和抱厦的边界勾勒出来，然后填补平坐层以上看起来很复杂的柱网梁架。首先厘清楼阁内错综复杂的梁架关系，其实无外乎沿着透视方向交汇于柱头上的各种水平和垂直的横梁。牢记最初的楼阁平面呈方形的解析，以及楼内的回廊式结构就能明白内外柱子间的排列关系。

　　同样把下层的斗栱、梁架以及平坐也画出来，这时飞云楼的华丽之感已经呼之欲出了。

　　最下层两侧砌有砖墙，结构相对就简单多了，至此这幅飞云楼已经初步完成。

　　最后刻画细节，在各层适当地加上阴影以增强层次感和纵深感，把"飞云楼"匾额上的字题好，作品就完成了。

　　这幅画要注意把握众多飞檐间的关系，使这些比翼如飞的檐角协调统一，曲线柔和顺畅，具有一种韵律之美。

6.8　楼阁建筑的示例之二

山西省陵川县崇安寺古陵楼是寺院的山门建筑，为一座面阔五间、三重檐歇山顶的两层木楼阁，体量特别宽大，堪比一座城楼。一层正中央即是进出寺院的主通道。选取它内侧的一个角度，并将建于古陵楼西侧的鼓楼、厢房等建筑也放在画面之中，用以衬托古陵楼的雄伟之势。

我们在初学阶段需要用铅笔起稿和辅助，但最终应该力求脱离铅笔，以钢笔直接画成，这样既可提高效率，又能增加笔法的流畅感，进而使笔触更自然洒脱。尽快扔掉铅笔这根拐杖，摆脱铅笔稿的束缚，钢笔的应用会更加得心应手，许多前所未有的灵感会不时地在脑海中闪现，为作品增添光彩。在这个过程中，对古建筑结构的熟悉和绘画者心中的自信至关重要，需要进行大量的练习来培养。

下面我们就告别铅笔稿，按照笔者日常的习惯来画这幅崇安寺古陵楼吧。

在空白的纸面上先预估好主次位置，古陵楼在左为主，鼓楼和厢房在右为次。做到胸有成竹、纸上无稿、心中有形，这一笔下去，就确定了古陵楼最顶层檐的位置、全楼的透视方向以及给画面右侧留白的尺度。

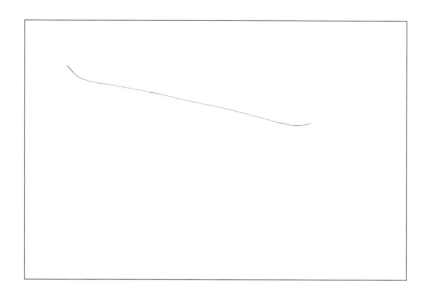

先把顶层檐的瓦当和椽子等都勾画出来。

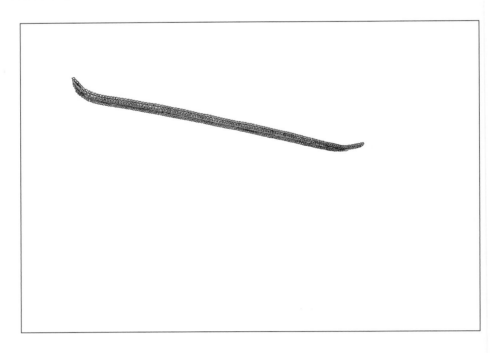

　　根据楼阁的开间数，确定檐下共有十一攒斗栱，并且还有四块牌匾遮挡。这时要仔细在画面上估算位置，把牌匾和露出的斗栱按照近大远小的规律画出来，并且把最上边的正脊简单勾勒出来。第二层屋檐也一并画出，注意两层屋檐的平行关系。

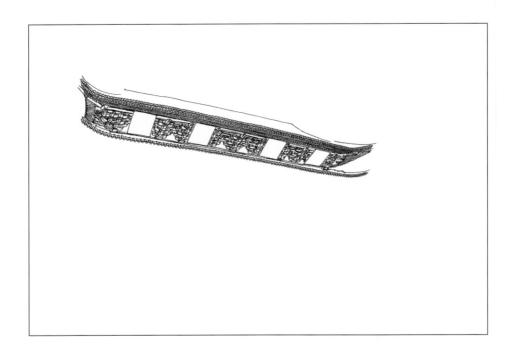

把二层回廊柱子按开间宽窄和与上面斗栱的相对位置画出来。

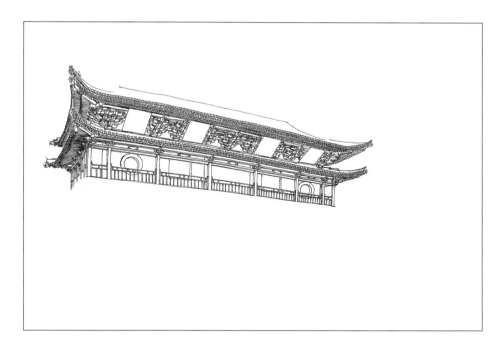

把平坐下的斗栱和最下层屋檐画出来，注意斗栱与上边廊柱的承托关系，还有三层屋檐的平行与透视关系。

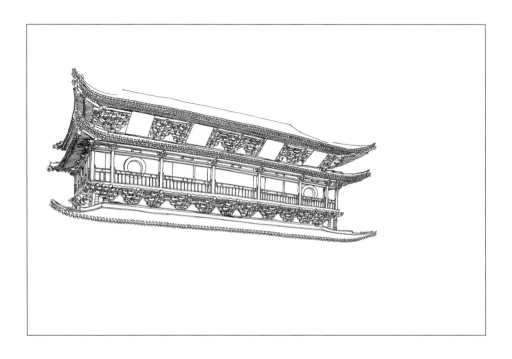

　　画出最下层，注意这些柱子与二层廊柱、平坐层斗栱的呼应关系，柱子与二层层高的对比也至关重要，这时整座楼阁已经初具形态。

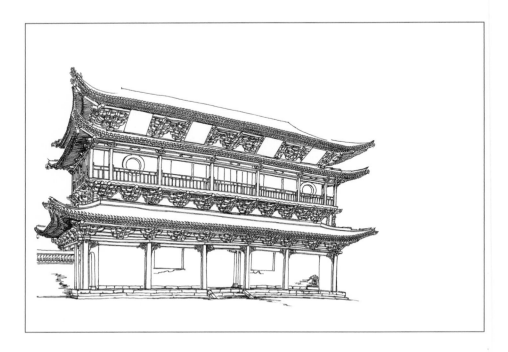

　　参照高度比例画出右侧的鼓楼和厢房，注意鼓楼的飞檐与古陵楼的平行与透视关系。

　　随后细化局部，完成正脊、鸱吻和脊刹，把牌匾上的字题好，各层门窗加上窗格图案，一楼门口加上人物以生动画面，并可对比建筑物的体量。

　　最后强调檐下和回廊的部分，画出阴影以加强层次感，在画面右上方天空处加上一群飞鸟，给画面以悠远灵动的意境，也使右上角不显得空旷。

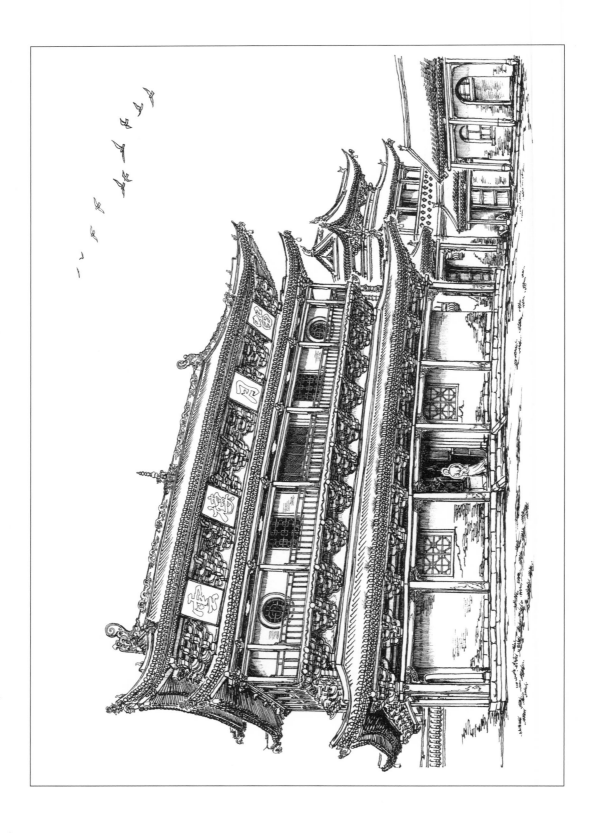

第7章

用画笔记录濒危古建筑

这里是一段略显沉闷的记录，自从我开始用写生的形式来记录乡村古建筑之后，心中就始终牵挂着这些既美好又濒危的人文古迹的安危与未来。可惜我力量卑微，无法为这些宝贵的文化遗产做更多的事，于是不辞劳苦地奔走写生和记录就成了我坚持多年的一种生活方式。

我远居东北，无论搜集山西偏远乡村古建筑信息还是回访曾经画过的古建筑后来的境况，仅凭网络资源是远远不够的，依靠在山西写生时结交的有共同爱好的老师和朋友们的帮助是一条重要的途径。

简单放几幅画作与实景的对比图，乡村古建筑正在面临着怎样的窘迫境地就一目了然了。

下面这幅画是2013年7月我在山西省晋城市巴公镇西郜村画的一座明清时期古院落内的二层楼阁。这座楼阁结构完整、古香古色，还装饰有众多的精美木雕。

在2017年9月下旬，好友张建军老师发来照片，这座楼阁已经变成了一片瓦砾堆，据说木结构是被拆掉卖到了外地，一座数百年的古建筑就此消失在我们的视野中。

古建筑的买卖是危害这些文物安全的重要因素之一，许多久远的老宅或是失修坍塌，或者被盗窃拆走，这种被自家卖掉，原址再盖新房的方式是老宅诸多结局中的一种。

山西省晋城市巴公镇西郜村张家院古民居现状（张建军摄）

山西省晋城市巴公镇 西郜村古民居
二〇一三年七月十五日 上午 十时一 下午十三时十分
连 达 绘

山西省晋城市巴公镇西郜村张家院古
民居原貌

　　2013年10月我来到这座山村中的古庙，画下了它苍凉残破的样子。这座巨大献亭前排的柱础很有特色，两侧是两尊石象，中间为两尊石狮，石狮背部用两根铁棍来支撑额枋的重量。当时我坐在浓密的野草丛中，在蚊蝇的轮番攻击中画下了庙中的状况。

山西省阳城县芹池镇刘西村崔府君庙
原貌

　　2014年初，好友张建军老师来到这里，此时献亭下两尊石狮柱础已经被盗了，因残余的铁棍长度不够，只好换成两根木棍来支撑跨度巨大的额枋。

　　乡村古建筑构件被盗的情况特别普遍，我亲眼见过一些因柱础被盗导致整座房屋倾圮的寺庙和戏台，痛心疾首，无可奈何！

山西省阳城县芹池镇刘西村崔府君庙
现状（张建军摄）

　　下图是位于村头农田里的一座节孝坊和一座碑楼，具有典型的晋南特色，是一组精美的石雕建筑，也是一个家族辉煌历史的见证。其中牌坊上部镶嵌的一块双面匾额尤其珍贵，一面为汉文，一面刻满文，堪称罕见。碑楼里三通方柱形巨碑上都有云龙盘绕的华贵碑首。

山西省稷山县稷峰镇武城村段氏节孝坊及碑楼原貌（梁国杰摄）

　　我从好友梁国杰的照片里看到这组建筑在2013年4月时的面貌，于是一直惦记着，却始终没有机会前往。

　　2015年10月初，我踏着雨后的泥泞找到这组建筑时，被眼前的景象惊呆了，秀美的石牌坊上部完全倒塌了，地上摔得粉碎的石构件断茬特别新，很显然仅仅是几天前才发生的。碑楼里三通巨碑的盘龙碑首已经无影无踪，满地残骸里也不见满汉双文的匾额。后来经向老乡打听得知，不久前盗贼为了撬取匾额，丧心病狂地推倒了整个牌坊的上半截，那些碑首也被盗走。

　　文物盗窃是田野文物的头号杀手，在利益驱使下他们不择手段，毫无底线，不知道有多少这样的古建筑毁于盗贼的魔爪。

山西省稷山县稷峰镇武城村段氏节孝坊及碑楼现状

    这是一座隐藏在乡村里的佛殿，是珍贵的元代古建筑。好友贾非的照片拍摄于2013年10月，看起来当时大殿的后檐已经坍塌了，前边似乎还保持了原貌。

    距今约七百余年的元代建筑在全国已经所剩不多，南方一些省份甚至一座元代建筑都没有了，但山西境内奢侈地保存有四百多座，堪称奇迹。可惜这座建筑看起来并没有得到应有的保护和修缮，连起码的抢险补救措施也没有。

    2017年7月我终于找到这里，老乡告诉我，这座大殿已经坍塌一年多了。在一个暴风雨之夜，沉重的前坡屋顶轰然倒扣下来，化为如今眼前这一堆腐朽霉烂的木料。残存的墙壁上，依稀可辨的壁画在风吹雨淋中归于尘土，一段七百多年的记忆也就此彻底被抹掉了。

山西省文水县马西乡穆家寨村净心寺
大殿原貌（贾非摄）

山西省文水县马西乡穆家寨村净心寺
大殿现状

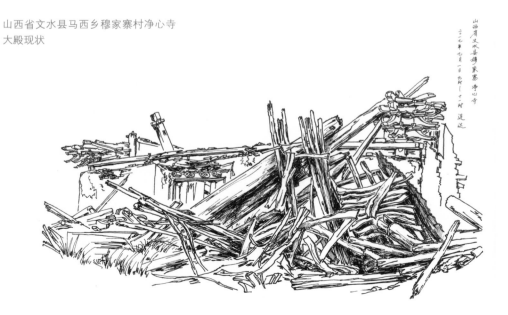

　　年久失修以及人们的漠视是古建筑消亡的另一个重要原因，短短几年间，许多年代久远且弥足珍贵的古建筑就这样倒下了。

　　在正殿前加设一条长廊的布局形式比较古老，明清以后就不多见了，这座三结义庙不但在正面加设了长廊，尽头处还建有一座精巧的牌坊，堪称别出心裁、与众不同。好友田忠民老师的照片拍摄于2013年初。

　　2017年6月底我来到汾阳写生，边画边打听未知的古建筑信息，田老师给我推荐了这座三结义庙，其实他也好几年没有再来过了。当我们一同走进这荒草丛生的院落后，吃惊地发现那座牌坊已经倒塌了，连同长廊的前段一起化为一堆瓦砾。正殿屋顶的琉璃全都被盗，门前的柱础也被撬走，仅以一些碎砖仓促垫起。殿内的壁画被大块大块地切割盗走，这座庙宇的惨状令人触目惊心。

山西省汾阳市阳城乡东阳城村三结义庙原貌（田忠民摄）

山西省汾阳市阳城乡东阳城村三结义庙现状

　　在失修和盗窃的双重打击下，一座本来完整而独特的建筑群已经走到了毁灭的境地，但这只是最普通的一例，让我充满了无奈和悲凉之感。叹息之余，我轻抚着画笔，拿起我的武器继续为了记录濒危古建筑而战斗，可惜我奔走的速度远远赶不上古建筑被损毁和消亡的速度，时不我待。

| 山西省洪洞县万安镇铁炉庄千佛阁

山西省洪洞县万安镇铁炉庄千佛阁（塑骅楼）
二〇一六年五月六日 中午十一时五分一下午十三时二十五分
连 达

第8章

古建筑写生作品欣赏

| 北京故宫南三所

北京故宫南三所之西所前院
二○一五年九月十五日 上午八时四十分——下午十三时七分
连达

| 北京故宫乾清宫

北京故宫乾清宫
二○一五年九月十六日 中午十二时五十分——下午十六时十分   连达

| 北京故宫养心门

| 北京故宫太和殿

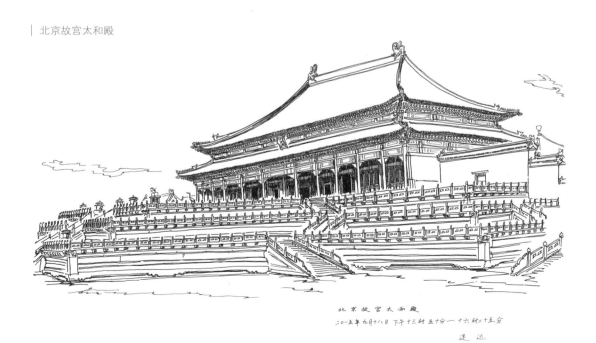

北京故宫御花园万春亭
二○一五年九月十六日 上午八时五十分一中午十二时
连达

| 北京故宫三大殿

北京故宫太和、中和、保和三大殿
二〇一五年九月二十日上午八时四十分——下午十五时二十分　连达

| 北京大高玄殿

北京市皇城内大高玄殿
为明嘉靖帝所建，是一
座道教建筑群。
二〇一五年五月六日上午十时——下
午十五时二十六分

连达　绘

| 北京太庙戟门

北京劳动人民文化宫内太庙戟门一幅
二〇一五年九月十二日 上午七时二十分一十时三十分 连达

| 北京太庙

北京太庙
二〇一九年八月操绘二十日
每个下午完成 连达

北京北海琉璃阁

北京市西城区大石桥胡同拈花寺山门

北京市西城区旌勇祠
二〇一七年六月二十六日 八时半
——十二时四十分 连达

| 北京市西城区旌勇祠正殿

| 北京市海淀区上庄东岳庙正殿

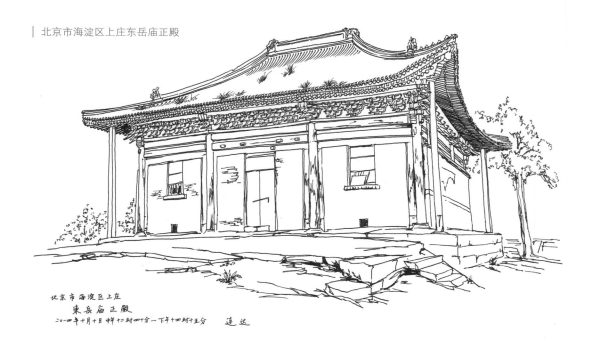

北京市海淀区上庄
东岳庙正殿
二〇一四年十月十日 中午十二时四十分——下午十四时十五分　连达

| 河北省阳原县开阳堡南门

| 河北省秦皇岛市山海关

河北省卢龙县刘家口关

北京市昌平区居庸关

| 山西省代县雁门关

| 山西省山阴县广武长城

山西省山阴县猴岭长城

湖南南长城

| 天津市蓟州区独乐寺观音阁

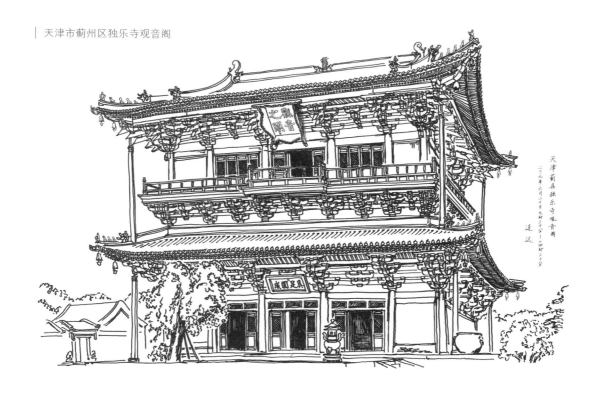

| 山西省洪洞县龙马乡北马驹村三结义庙

山西省洪洞县刘家垣镇东梁村
元武楼
二〇一六年五月八日上午八时扮一十时四十分　连达

| 山西省洪洞县刘家垣镇东梁村元武楼

| 山西省介休市洪山镇石屯村环翠楼

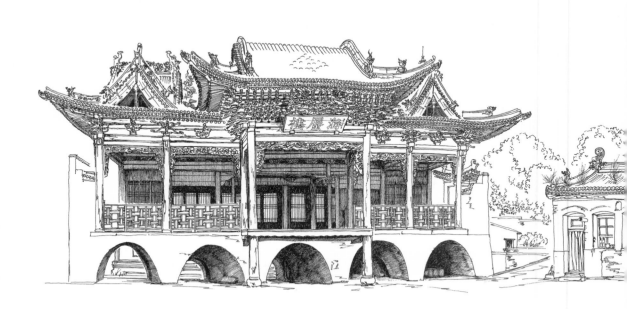

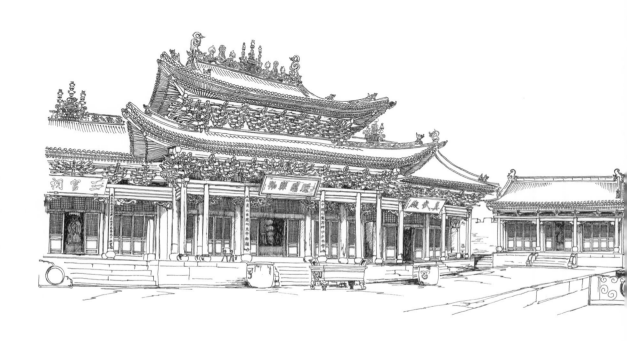

| 山西省介休市五岳庙

| 山西省介休市后土庙

| 山西省大同市华严寺全景

| 山西省介休市袄神楼

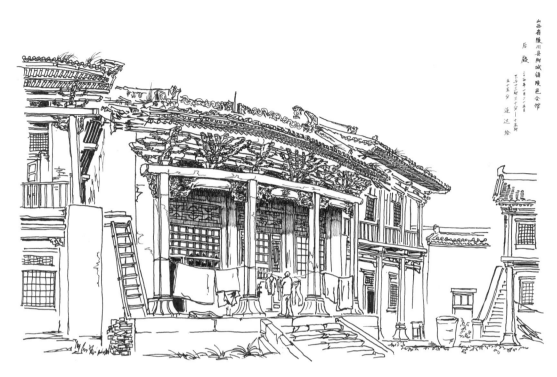

山西省陵川县附城镇陵邑会馆

后殿

二〇一四年十月二十二日

下午十三时四十六分——十五时

五十五分　连达　绘

| 山西省陵川县附城镇陵邑会馆

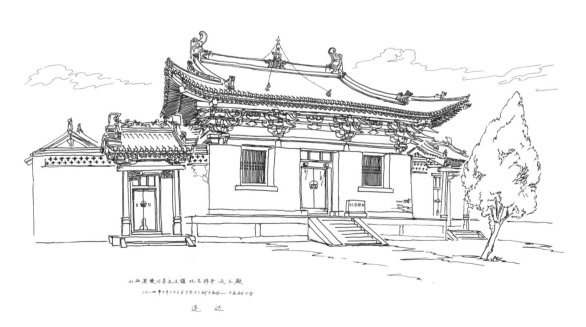

山西省陵川县礼义镇北吉祥寺 天王殿

二〇一四年十月二十三日下午十三时十五分——十五时十分

连达

| 山西省陵川县礼义镇北吉祥寺

山西省祁县贾令镇镇河楼

山西省祁县贾令镇　镇河楼
二〇一七年九月七日 八时一十三时四十分　连 达

山西省祁县长裕川茶庄
二〇一七年九月六日
十二时三十分~十八时四十分
连达

| 山西省祁县长裕川茶庄

山西省平遥县襄垣乡郝洞村镇国寺

山西省太谷县阳邑乡阳邑村净信
寺彩塑

山西省平遥县洪善镇善村洞村
镇国寺
二〇一六年九月二十五、二十六日英中绘成 连达

山西省运城市解州镇关帝庙
二〇一六年四月十六日上午八时四十分一绘完十七时二十分 连达

山西省沁水县嘉峰镇古民居

山西省泽州县高都镇北街村老宅

山西省武乡县分水岭乡泉之头村古民居

山西省武乡县分水岭乡泉之头村一户将要
坍塌的老宅

| 山西省襄汾县古城镇关帝庙牌坊

| 山西省新绛县北张镇北杜坞村龙王庙

| 山西省阳城县西河乡中寨村成汤大庙

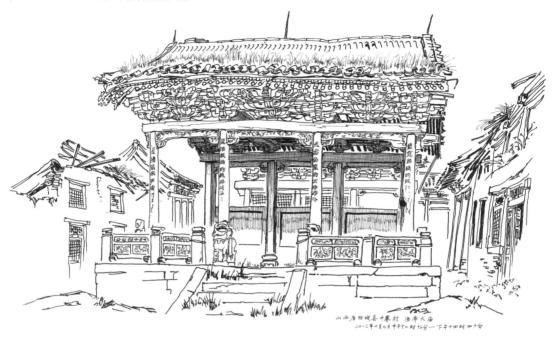

| 山西省泽州县大东沟镇双河底村成汤庙

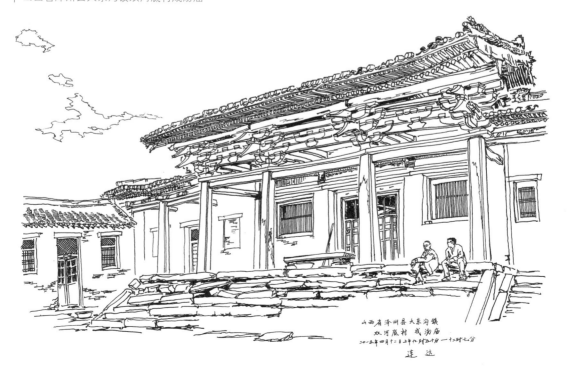

山西省太原市
纯阳宫牌坊
二〇一七年七月一日
十时一十三时五十分
连达

呂天仙祠

山西省新绛县泽掌镇光村福胜寺大雄宝殿东侧明王像
二〇一五年四月二十七日 下午十五时五十分—十六时四十分

连 达

山西省翼城县中卫乡中卫村玉皇楼
二〇一五年四月二十九日 下午十五时四十分一十七时三十分
连 达

| 山西省翼城县中卫乡中卫村玉皇楼

| 山西省长治县南宋乡北宋村玉皇庙

| 山西省泽州县大东沟镇马村关帝庙

| 山西省泽州县高都镇湖里村二仙庙

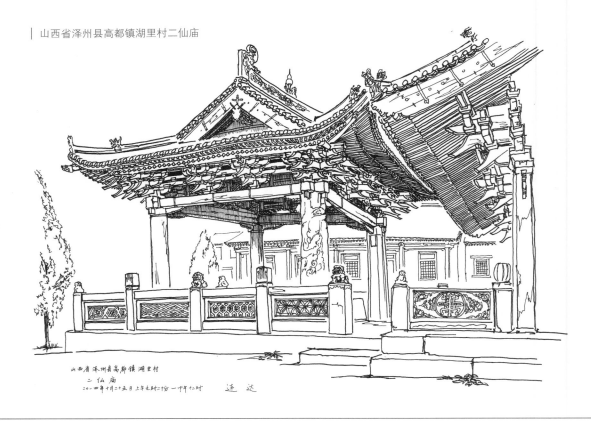

山西省泽州县高都镇湖里村
二仙庙
二〇一四年十月二十五日上午九时二十分——中午十二时   连达

| 山西省长子县文庙大成殿

山西省长子县文庙
大成殿
二〇一四年十月十九日上午十时十分——
中午十二时   连达

山西省长子县下霍村白云山
灵贶王庙
二〇一四年六月一日上午九时四十分—
中午十一时四十分　连达

山西省长子县丹朱镇下霍村灵贶王庙

山西省长子县琚村崇庆寺地藏殿阎君像

山西省万荣县荣河镇庙前村后土庙秋风楼

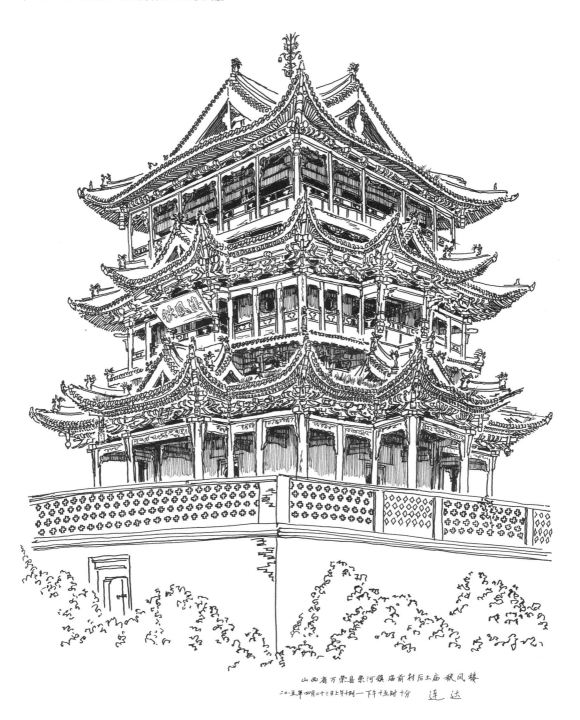

山西省万荣县荣河镇庙前村后土庙秋风楼
二〇一五年四月二十三日上午十时一下午十五时十分　连达

山西省应县佛宫寺释迦塔

山西省芮城县古魏镇永乐宫无极之殿

山西省泽州县金村镇东南村小南二仙
庙神龛

| 山西省太原市晋祠对越牌坊

| 山西省太原市晋祠圣母殿

山西省太原市晋祠
对越牌坊
二〇一八年四月二十七日
上午十时——下午十八时三十分
连达

山西省太原市晋祠圣母殿
二〇一八年五月八日上午九时——下午十七时四十五分　连达

后 记

　　本书的初衷不是以让读者成为古建筑画家或设计师为目的，而是为有此方面爱好或欲初步了解古建筑乃至传统文化的朋友们打开一扇窗，以窥中国古建筑文化的博大精深，若能为读者起到一点如路标般的指引作用，我也就深感欣慰了。涉及古建筑，我就感到有说不完的话，本书的篇幅有限，把一些古建筑知识和绘画经验粗略罗列就已经很厚了，如果古建筑爱好者和想学画古建筑的朋友们能从中找到些有用的东西，于愿足矣。

　　其实当我们掌握了绘画技能，并把它应用于我们的日常生活中，可以描绘的东西是方方面面的，城市、乡村、自然风景等一切都可以成为我们练笔和创作的对象。我对绘画的学习和摸索源自于对古建筑的深爱，所以自然就把目光聚焦在那些沧桑古雅的斗栱飞檐上，这是我的一片初心和一条人生道路，今后还会继续走下去，用画笔记录更多的古建筑，为即将消逝的它们留下一幅画像。这是对濒危文明的一种抢救性记录，也是一代人应尽的责任和应肩负起的使命。

　　希望本书能够把更多的古建筑爱好者凝聚在一起，在工作之余或闲暇的假期，拿起画笔，将身边苍老的文化遗迹、古意犹存的街区、美轮美奂的斗栱飞檐记录下来，把我们的古建文化传播开来，传承下去，让我们共同努力吧！

连　达

2017年12月